★ 听听名人这样说

扎克伯格

给青少年一生的忠告

Zuckerberg

武敬敏 主编

facebook

全国百佳出版社

江西美术出版社

图书在版编目（CIP）数据

扎克伯格给青少年一生的忠告/武敬敏主编 . 一南昌：江西美术出版社，2014.1

（听听名人这样说）

ISBN 978－7－5480－2334－0

Ⅰ.①扎… Ⅱ.①武… Ⅲ.①人生哲学－青年读物② 人生哲学－少年读物 Ⅳ.①B821－49

中国版本图书馆 CIP 数据核字（2013）第 183518 号

出 品 人：陈　政
责任编辑：刘　滟
企　　划：北京江美长风文化传播有限公司

听听名人这样说

扎克伯格给青少年一生的忠告

主　　编：武敬敏
出版发行：江西美术出版社
地　　址：江西省南昌市子安路 66 号江美大厦
经　　销：全国新华书店
印　　刷：北京昌平新兴胶印厂
开　　本：889mm×1194mm　1/16
印　　张：13
版　　次：2014 年 1 月第 1 版
印　　次：2014 年 1 月第 1 次印刷
书　　号：ISBN 978－7－5480－2334－0
定　　价：25.80 元

本书法律顾问：江西豫章律师事务所　晏辉律师

赣版权登字－06－2013－404

前　言

　　Facebook 是什么？是全球最大的信息发布平台，也是互联网上最大的分享网站。Facebook 的网页上每个月有近 75 亿张图片、2000 万个视频和 6000 万则新闻、日志之类的新内容上传。这里上传的信息量如此之大，以致他不无骄傲地说："我们拥有整整一个时代里最具威力的信息传播机制。"如果是一个国家，那它将仅次于中国和印度，成为世界"第三人口大国"。

　　他放弃年薪 95 万美元的工作机会，而选择去哈佛上学；

　　他大学时毅然退学，全职经营网站；

　　他荣登全球福布斯富豪排行榜第八位，却一直住在租来的房子里；

　　2012 年 28 岁的他成为全球最年轻的白手起家的富豪；

　　他被称为"盖茨第二"；

　　他曾说："我的理想就是接管世界。"

　　成就 Facebook 这一切的最关键人物就是马克·扎克伯格！他最终成就了这个聚合世界的社交网络帝国。从一无所有到亿万富豪，仅仅用了 8 年时间，这到底是疯狂，还是必然？

　　扎克伯格很小的时候就被人称为"神童"；中学时期开始自己编写程序；为了让父亲可以在家里和牙科诊所之间进行消息交流，他在高中时开发出名为 ZuckNet 的软件程序，这一套系统甚至可以视为后来美国在线实时通信软件的原始版本；大学时期，创办 Facebook 公司，并从哈佛退学……扎克伯格既平凡又与众不同，究竟是什么成就了今天的他？

在扎克伯格的成长过程中，我们能看到他的努力和坚持，以及家人和老师对他的支持和鼓励。所以，扎克伯格并不特殊，遵循他的处事原则，我们有理由相信，成功会向我们招手。在成长的路上，不要因为某些挫折而失意迷茫，不要因为不懂得与人交往的技巧而难过，不要因为担心某些事情降临在自己头上而忧心忡忡。

人人都渴望成为扎克伯格，面对诸多仍处于迷惘状态的青少年，扎克伯格用他的故事给予我们最无私的帮助。或许，通过阅读《扎克伯格给青少年一生的忠告》，我们可以明白扎克伯格到底是怎么样成功的。

扎克伯格式的智慧精髓和人生哲学，对处于学习阶段的你来说，至关重要。相信你定会从中受到很大的启发，每领悟一个忠告，你将会发现一个全新的自我。就让我们追随扎克伯格的脚步，去寻找属于自己的那条成功之路吧！摆脱思想困惑和束缚，让自己坚定信念、锐意进取，成为出类拔萃的年轻才俊。

目　录

忠告一：
读懂自己是读懂世界的前提

认识自己才能超越自己

学会分享，共同收获

改变自己比改变世界更重要

成功需要适当的欲望

认识自己才能超越自己

　　浪漫主义大诗人李白，留给我们无穷的财富和智慧。他没有因为仕途失意而忘却自我的价值。他那"安能摧眉折腰事权贵，使我不得开心颜"的洒脱与豪放，是他内心品质的真正写照。陶渊明"采菊东篱下，悠然见南山"的安静与闲适淡远，带给我们无穷的享受。他们在自己的追求中，找到了适合自己的人生价值，并没有在失意中迷失自我。

　　人生的追求应该是多种多样的，但是每个人都应该记住自己最真实的身份，认清自我价值。对于一个企业来说也是如此，找到适合自己的价值取向，才能更好地继续发展，不能盲目地追求，更不应该忘却自己的真实身份。

　　2012年2月2日上午，Facebook正式公开招股，计划融资50亿美元。该公司创始人、CEO马克·扎克伯格发表公开信，点明Facebook的三大愿景和五大核心价值。

　　在公开信中，扎克伯格如是说：

　　Facebook的创建目的并非成为一家公司。它的诞生，是为了践行一种社会使命：让世界更加开放，更加紧密相连。让每个人紧密连接，能够发出自己的声音，并推动社会的未来变革，这是一种迫切需求，也是一个巨大机遇。人类需要建设的技术基础设施的规模亘古未有；我们认为，这是值得关注的最重要的问题。

　　愿景一：希望巩固人与人之间的联系。

人际关系是社会的基本构成单元，是我们发现创意、理解世界并最终获得长久幸福的必经之途。Facebook创造多种工具，帮助人们相互联系，分享观点，并以此拓展人们建立和维护人际关系的能力。

愿景二：希望改善人们与企业和经济体系的联系。

一个更加开放、联系更加紧密的世界，将有助于创建更加强健的经济体系，培育更多提供更好产品和服务的真正意义上的企业。

愿景三：希望改变人们与政府和社会机构的联系。

开发帮助人们分享的工具，能够推动民众与政府坦诚而透明地对话，赋予民众更加直接的权力，增强官员的责任感，并为当代一些最为重大的问题提供更好的解决方案。

核心价值一：专注于影响力。

让Facebook具有最大影响力的最佳方法是始终专注于解决最重要的问题。Facebook的每一个人需要善于发现最大问题，并力图解决。

核心价值二：迅速行动。

大多数公司一旦成长，发展速度就会大大放慢，Facebook的信念是："迅速行动，打破常规"。如果你从不打破常规，你的行动速度就可能不够快。

核心价值三：勇往直前。

开发优秀产品意味着承担风险。这让人恐惧，迫使大多数公司对于冒险望而却步。但是，在瞬息万变的世界中，不愿冒险就注定失败。Facebook鼓励每个人勇往直前，即使有时这意味着犯错。

核心价值四：保持开放。

世界越开放越美好，人们拥有更多信息，就能够做出更好的决定，对社会施加更好的影响。这也是Facebook的运营理念——竭力确保Facebook的每一个人能够尽可能多地接触到公司各个方面的信息，这样就能做出最佳决策，对公司产生最佳影响。

核心价值五：创造社会价值。

Facebook存在的意义，是让世界更加开放和紧密相连，并非仅仅

是开办一家公司。我们期望，Facebook 的每一个人，无时无刻都要致力于为世界创造真正价值，并将这一理念融入自己所做的每一件事情当中。

扎克伯格在信中对 Facebook 关于专注于影响力、迅速行动、勇往直前、保持开放和创造社会价值五大价值观的合理定位，使得 Facebook 在上市的企业繁荣阶段，能够对自己的社交使命和独特的管理风格有清楚的自我认识。由此可见，认清自身价值才能给自己确立合理的定位，使自己能够在正确的位置上踏实向前。

在莎士比亚的《哈姆雷特》中，御前大臣波洛涅斯这样说："最最重要的是忠于你自己。你只要遵守这一条，剩下的就是等待黑夜与白昼的交替，万物自然地流逝；倘若果真有必要忠于他人，也不过是不得不那样去做。"

认识自我，就是要认识自己的生理特点，认识自己的理想、价值观、兴趣爱好、能力、性格等心理特点；认识自我，必须搞清三方面：我要干什么？我会干什么？我能干什么？只有认识了自我，才能挖掘自我潜能，才能发展自我、超越自我、升华自我。

在首届 APEC 青年创业家峰会的"女性创业——如何培养领导力"论坛上，东方风行传媒集团董事长、著名主持人李静表示适不适合创业最重要的是认清自己，创业认清自己很重要，不要愚昧地坚持，也不要盲目地放弃。

原先李静所在的工作单位待遇不错，甚至比她创业初期的生活要好很多，但是长期麻木地工作使她发现，自己并不适合在原有的企业模式中生存，于是她毅然决定开始个人创业。

在十年前李静刚做电视公司时，周边的公司都非常大，而她所创办的公司很小，甚至连展台都没有。通过市场分析，李静觉得电视行业还是内容为王，于是每天就跟导演开会，针对内容加强节目编排。十年以后她所创立的电视公司果然站起来了，而原先周边的那些公司

都倒闭了，李静所创办的公司成为最大的电视制作公司。

　　学会做领导也是李静对自身价值的另一发现。从小就不是班干部，没有管理领导过别人，在创业初期的李静的眼里，没有什么比心灵自由更重要的了，虽然很苦很累很麻烦，但是心灵自由是世界上最大的一种幸福。但是当李静的创业公司发展到了一定程度的时候，她发现自己变得越来越痛苦，不时感觉在被下面的人绑架、折磨，于是她开始个人的蜕变，经过摸索，她终于知道应该找什么样的CEO，知道什么是应该出面说NO的，什么是可以不去插手的。凭借自己的努力，2010年4月，李静获得《中国企业家》杂志颁发的2010年度中国企业最具影响力"商界木兰"以及APEC电子商务工商联盟"成长创新十大年度人物"等多项荣誉。

　　充分了解自己不想被束缚的特质，李静通过创业为自己开辟了一条新的人生道路。在发现企业当中出现的管理难题时，她又能够通过自我挖掘，发现自己的领导才能。自己的生活自己主宰，自己的价值自己发现，在过程和演变当中，将自己推向成功的宝座。

　　在我们身边总能听到一些人抱怨着自己的命运为什么那么苦，道路为什么走得那么艰辛？辛辛苦苦地工作着却还是不能改变自己贫穷的命运。其实，贫穷并不可怕，可怕的是贫穷的思想，以及认为命运贫穷的错误观念。在伟大的世界里，上帝为每个人都准备了美满的人生，我们应该下定决心，集中精力，去努力争取。

　　一个人如果好逸恶劳、贪图享乐就无法战胜困难，也不会有太大的发展。"没有经历困难的人，他的人生是不完整的"，认识自我价值，我们要做到：

　　1. 不自卑，经常想想自己得意的事。其实我们的忧虑和烦恼大都是我们的想象而非现实。

　　2. 如何在损失中获益。人生最最重要的不只是运用你所拥有的，真正重要的课题是如何从你的损失中获利，这才是真正需要的智慧，也才能真正显示出人的智慧。

3. 不为打翻的牛奶而哭泣。牛奶瓶碎了，不能再把牛奶救回来；磨完的面粉不能再磨；不要为这些损失而悲伤，高兴地找出办法来弥补自己的创伤吧。

4. 困难不是停下脚步的理由。具有成熟心智的人，不会让自己沉溺于困难中，而是勇敢地面对它、接受它，然后想办法加以克服、解决。他们不会去绝望也不会找借口逃避。

5. 拥有坚定的信念。一个没有信念的人就如同一艘没有航标的生命之舟，你不知道自己将驶向何方。当然，光有信念并不足以让我们变得成熟，要以信念为基础，然后付诸行动，不顾一切地坚持到底。

认识自己并非易事，需要在现实生活中不断进行陶冶、修炼和自我完善。

扎克伯格的智慧

认识自我，必须搞清三方面：我要干什么？我会干什么？我能干什么？只有认识了自我，才能挖掘自我潜能，才能发展自我、超越自我、升华自我。

学会分享，共同收获

　　我们之中的大多数人在不断成长的过程中，都或多或少尝试过某种程度上的自我表露。自我表露就是个体与他人交往时，自愿地将自己内心的感觉和信息真实地表现出来的过程。从与恋人极度亲密的沟通到日常生活中茶余饭后的交谈，都会存在着某种程度的自我表露，你与他人在自我表露的过程中分享了一部分自我，互相增进彼此的了解。

　　大家对现在如日中天的扎克伯格印象深刻，为他激情洋溢的各种演讲而倾倒，但是很少有人知道，在 Facebook 刚开始建立的时候，扎克伯格的宅男特质一览无余。在许多熟悉他的人的眼中，扎克伯格只是有些害羞的"电脑宅男"，他的口头禅"是的，是的"令人感觉索然无味。甚至在回答简单问题的时候，他的脸都涨得通红，而且还不停地冒汗——在参加道琼斯 D8 会议接受采访时，扎克伯格的表现让人感觉他马上要昏厥过去。然而在 2010 年 11 月，在旧金山 Web2.0 大会上接受记者采访时，扎克伯格的镇定自若令人惊讶，原先那个腼腆笨拙的男孩已经不知去向。

　　在成就 Facebook 这个社交沟通平台的同时，扎克伯克也逐步开始学会打开自己的内心，在沟通当中，在自我表露当中获得成长。

　　扎克伯格打造的 Facebook 是一个连接亲朋好友的平台。从前的人利用面对面的方式相互沟通，后来开始打电话联络，但始终缺乏一种理想的系统，让大家可以跟自己的好友、跟那些你很关心或很有兴趣

的人，随时保持联系。这个目前全球最大的社交网站，为人们相互敞开内心，表露自己的情绪提供了一个很好的平台。

而就扎克伯格个人而言，他也开始由原来的那个一心钻研的怪胎型天才少年，变成一个受人喜爱的家伙。

理所当然，Facdbook'上市之后，28岁、统领这个虚拟大国的扎克伯格成了全球风云人物：他是最年轻的亿万富豪，身价高达69亿美元；是英国首相卡梅伦一上任就要用视讯对谈，请益"管理众人之道"的重要企业领袖；他也是最近几本新书（包括漫画书）、一部新电影锁定的主角。但在和人数众多的员工进行沟通交流时，扎克伯格一如既往。

要知道，这对扎克伯格来说并非易事，因为2012年5月18日在美国上市的Facebook如今在全球已经拥有3000多名员工，这些员工多数是刚从大学毕业进入公司的20多岁的年轻人。与大多数创业公司一样，2004年处于创业期的Facebook人数仅有几十个。

扎克伯格的管理风格就是与员工进行一对一的交谈，他喜欢晚上在办公室踱步检查员工的工作，面对面的沟通使得企业的信息更有效地传递，同时凝聚起全体员工共同的创业精神；另外，扎克伯格每周会与员工之间进行长达数小时的提问和回答，扎克伯格会坦诚地回答员工提出的任何问题，如果某些问题他不能回答，其首席运营官及她的团队会进行解答。这种打破组织层级，创业领袖与员工之间面对面的沟通，使Facebook的管理更有效、信息更畅通、工作效率更高。Facebook在创业期的管理沟通值得更多的创业企业借鉴。

对于扎克伯格这样的知识型创业领袖，在创业初期通常面临着从个人角色转换到带领团队的管理角色，在高速发展企业之外，千万不能忽视与员工面对面的沟通交流，敞开内心的沟通管理方式虽然难以在短期内看到回报，但是对于企业的有效运转及长远发展都起着不容小视的作用。

自我表露是信息流动的传送带，能够收集并分享信息；自我表露

是改善人际关系的润滑剂，能够有效改善企业内部的人际关系；自我表露是提升员工积极性的动力源，在沟通中能够使员工强化对工作意义的认知，工作也更加有成就感；自我表露是组织创新的发射器，组织创新来源于思想的碰撞与知识的交流，只有不断地自我表露才能使创新不停留于口头。

有时在困难面前，仅凭一人之力并不能解决问题，实现突破。如果此时尝试一下自我表露，让身边的人知道你的现状，说不定会有意外的惊喜：周围的人会比较容易根据自己的情况，有选择性地伸出援手——这无疑使你获得"雪中之炭"。

张宝敬是一家路桥建筑公司的职员。一天，上司让他和一个同事一起核算一个建筑项目的费用。为了尽快完成工作，张宝敬和同事进行了分工，各自集中精力完成自己那一部分。

然而，核算进行到三分之二时，张宝敬对其中一个数字把握不准，不知道核算公式是否正确。怎么办呢？张宝敬左思右想，最后，还是不愿意请教同事。虽然同事曾经明确表示过，如果有需要帮助的地方尽管说，但张宝敬不想让同事觉得自己的工作能力逊色于他，更害怕传到上司的耳朵里，影响自己在上司心中的形象。犹豫再三，张宝敬按照拿不准的公式进行了核算。

结果，张宝敬真的把公式弄错了，预算费用出现了很大的误差。后来，发生了一系列事故，都与这次核算失误有关。巨大的资金空洞，几乎把整个公司拖垮。而公司管理层追究这次责任，给予张宝敬解雇的处分。

陶子非的做法则与张宝敬完全不同——他是一家电器公司的销售主管，业绩斐然，一直是同事们羡慕的对象。可很少有人知道，陶子非刚刚来到这家公司时，业绩非常差。那时的陶子非对销售工作非常陌生，于是他经常向同事们请教。然而同事们怕他抢了自己的客户，没有一个人坦诚相告。

但陶子非还是锲而不舍地询问、学习，一有机会，就向公司上上下下的同事请教业务知识，不放过公司的每一个人，不放过任何一个熟悉业务的机会。

有一次，陶子非与公司的门卫闲聊，无意中发现门卫对公司业务非常精通，而且凭着自己的人生阅历，对如何与客户打交道也颇为在行。陶子非很惊喜，和门卫畅谈了很久。以后，但凡遇到困扰自己工作的各种问题，他都诚恳地请求门卫给予帮助。门卫被他的诚意打动了，耐心地为他指点"迷津"。结果，陶子非如愿以偿，在门卫的帮助下，他和客户打交道越来越得心应手，工作也越做越出色。

后来，陶子非做上销售主管后，他总是热情地帮助自己的下属解决问题，耐心地指导新职员，也鼓励销售业务员之间坦诚帮助。于是在公司的销售部门，形成了良好的团队氛围。陶子非认为，虽然有时信息的共享会使个别销售业务员的利益受损，但从长远角度看，只有良好的团队协作，才能使大家共同获益，共同进步。

陶子非和张宝敬在遇见难题和困难的时候，显示出两种完全相反的应对态度：陶子非能够勇于敞开内心，主动向周围的人寻求帮助，就是请教门卫也并不觉得不光彩；张宝敬明知自己在一些问题的处理上存在困难，却担心影响自己在同事心目中的形象，死要面子活受罪。所以，两个人的岗位发展迥异也在情理之中。

把自己的心事告诉别人的过程，就是自我表露。很多人本主义心理学家都认为，自我表露是个体体验成长和快乐的重要环节。当你处在一个值得信任的关系中，对另一个人敞开表达自己的时候，你就迈出了理解自我的重要一步。我们不仅喜欢那些敞开胸怀的人，也会向自己喜欢的人敞开心扉，而且在自我表露之后，我们会更加喜欢这些人。

当然，在自己选择敞开心扉表露自我的时候，需要分清场合，分清对象。如果不顾及对方是否乐意倾听，或者将内心的"那些事"反复无数次地告诉同一个对象，每回仿佛都是第一次诉说似的，很可能会得不到预期的效果，甚至会失去这位朋友。比如鲁迅笔下的祥林嫂，整天向他人倾诉自己的孩子死得好惨，一遍两遍还能博得同情和劝慰，但时间久了，如此反复的倾诉难免让别人厌烦和"敬"而远之。

或许，我们已经习惯了"男儿有泪不轻弹"的教导，因而男性要承受很多压力却无处宣泄与爆发。对男孩来说，适当地表露内心是非常有好处的。为什么不把自己放在一个比较低的位置上，放下自尊和面子呢？说不定结果是甜的。

扎克伯格的智慧

创新来源于思想的碰撞与知识的交流，只有不断自我表露才能使创新不停留于口头。我们在不断成长当中，不妨学会自我表露。

改变自己比改变世界更重要

苏轼不能改变朝廷不重用他的客观现实，就改变自己的心态；

林则徐面对无法改变的朝廷积弱的局面，他改变自己投身造福百姓的事务中；

刘伟不能改变残疾的客观现实，他就改变自己的生活工作方式；

……

与其改变世界，不如改变自己。当你的能力尚不足以撼动世界，却口口声声说要撼动世界，自然会显得自不量力；当你一点点改变自己时，就能用自身良好的言行去影响周围的人和事，从而达到"润物细无声"的效果，说不定你会发现自己的行动已经获得收获，世界已经尽在你的掌控之中。

生活中，有许多青少年走上社会后，抱怨社会、抱怨环境。总觉得自己怀才不遇，社会不公。殊不知，这种消沉的态度，并不能使事情得到改观、并不能使环境得到改变。其实，只有改变自己，才能改变世界；只有适应环境，才能改变环境；只有转变思路，才能改变出路。与其将希望寄托在客观条件的改变上，不如将希望寄托于挖掘自身的潜能上。

西方有句古谚："人有一半是魔鬼，一半是天使。"魔鬼固然诡诈多端，天使也渺茫难测。人就是矛盾的复合体，世间最复杂、最难懂的莫过于人本身。一个人想要真正做到改变自己，着实不易。

早前，扎克伯格在出席孵化器的"创业学院"的活动时说，他认为人们低估了"灵活性"所蕴藏的价值。在投入做某件事之前，先得

弄清楚自己究竟想要做什么。"要保持自己的灵活性。你们当然可以按照公司的条条框框来做事，但是你们不能一直心甘情愿地给人打工并被捆住手脚，你们得改变自己的做法。"

Facebook 在创建时只是一项业余爱好，不是一家公司。扎克伯格开始创建 Facebook 只是单纯地想在大学里使用它——他们当时并没打算成立公司。他曾经认为像当今 Facebook 这样的公司，本来会由别人来创建。随着时间的推移，总会有人创建一个（仅限大学生使用的 Facebook 的）全球化版本，不过这可不是我们的事情——这是微软之类（大型软件公司）的事情。

与当今的公司相比，Facebook 其实成长得很慢。Facebook 用了一年时间才拥有 100 万用户，而且就连扎克伯格他们这些内部人士当时都还觉得这个速度快得惊人。扎克伯格在创建 Facebook 时还没想开公司——他主要就是想把它做出来，想让自己的这项业余爱好也给身边的人带来乐趣，不过，它最终发展成了一家公司。

Facebook 通过观察用户的行为来打造新功能。例如 Facebook 最初并未推出照片功能，但是公司注意到用户们每天都在更换自己个人资料中的照片，所以一款用途更广泛的照片分享工具或许会很有用。扎克伯格发现很多公司都在处理一些小问题——如果你们想成为一名企业家，这样做倒也没问题，但是最最有趣的事情都是根本层面上的。

截至 2012 年 10 月 4 日，Facebook 月活跃用户数量已突破 10 亿，其中 6 亿为移动用户，Facebook 未来的重点不再是单纯地赢得更多用户，而是更有效地利用共享数据以及移动流量的变现。近期，Facebook 已经有了一系列电商化举措，例如测试 Facebook Gifts 服务，在用户的生日提醒、朋友时间轴旁边，Facebook 会提供礼物建议。Facebook 还与零售商合作测试"想要"按钮，用户在点击该按钮后，相关产品信息将被标记并显示在用户的时间轴中。

虽然自己的梦想是通过互联网改变世界，但是扎克伯格并没有好

高骛远。而是通过一步一个脚印的踏实迈进，为 Facebook 获得了更好的发展平台和发展空间。不捆住自己的手脚，不断调整自己的计划，不局限于拘谨的企业发展目标，也使得他能够让 Facebook 应对不断变化的客户需求，从而得到提高。

先改变自己是成功的唯一出路。改变自己就是去做自己害怕做的事情；改变自己就是要敢于突破自己现有的舒适空间，重新建立新的生活秩序；改变自己就是做你过去不习惯做或是不喜欢做的事情，不断打破过去固有的惯性。

你不能左右生命的长度，但你能改变生命的宽度；你不能左右恶劣的天气，但你能改变自己的心情；你不能改变自己的容貌，但你能改变自己的心灵。其实，我们每天都在改变自己、创造自己、超越自己。只有改变自己，才能走向成功。

要想撬起世界，它的最佳支点不是地球，不是一个国家、一个民族，也不是别人，而只能是自己的心灵。要想改变世界，你必须从改变你自己开始；要想撬起世界，你必须把支点选在自己的心灵上。

在闻名世界的威斯特敏斯特大教堂地下室的墓碑林中，有一块名扬世界的墓碑。

其实这只是一块很普通的墓碑，粗糙的花岗岩质地，造型也很一般，同周围那些质地上乘、做工优良的亨利三世到乔治二世等二十多位英国前国王墓碑，以及牛顿、达尔文、狄更斯等名人的墓碑比较起来，它显得微不足道，不值一提。它上面没有姓名，没有生卒年月，甚至连墓主的介绍文字也没有。

但是，就是这样一块无名氏墓碑，却成为名扬全球的著名墓碑。每一个到过威斯特敏斯特大教堂的人，他们可以不去拜谒那些曾经显赫的英国前国王们，可以不去拜谒那诸如狄更斯、达尔文等世界名人们，但他们却没有人不来拜谒这一块普通墓碑的，他们都被这块墓碑深深震撼着，准确地说，他们被这块墓碑上的碑文深深地震撼着。在这块墓碑上，刻着这样的一段话：

当我年轻的时候，我的想象力从没有受到过限制，我梦想改变这个世界。

当我成熟以后，我发现我不能改变这个世界，我将目光缩短了些，决定只改变我的国家。

当我进入暮年后，我发现我不能改变我的国家，我的最后愿望仅仅是改变一下我的家庭。但是，这也不可能。

当我躺在床上，行将就木时，我突然意识到：如果一开始我仅仅去改变我自己，然后作为一个榜样，我可能改变我的家庭；在家人的帮助和鼓励下，我可能为国家做一些事情。

然后谁知道呢？我甚至可能改变这个世界。

据说，许多世界政要和名人看到这段碑文时都感慨不已。有人说这是一篇人生的教义，有人说这是灵魂的一种自省。当年轻的曼德拉看到这篇碑文时，顿然有醍醐灌顶之感，声称自己从中找到了改变南非甚至整个世界的金钥匙。回到南非后，这个志向远大、原本赞同以暴制暴填平种族歧视鸿沟的黑人青年，一下子改变了自己的思想和处世风格，他从改变自己、改变自己的家庭和亲朋好友着手，经历了几十年，终于改变了他的国家。

诺贝尔文学奖的获得者萧伯纳说："明智的人使自己适应世界，而不明智的人只会坚持要世界适应自己。"成功就必须改变，你需要不断突破现有的舒适空间。激发内心潜力，改变现在的状态和思考模式，以及现有的做事方式，改变吸收的资讯和人际交往圈子，改变过去的信念和生活习惯——只有变化，你才会有所成长。

你不可能用过去的方法得到完全不同的结果。过去的方式只能得到过去的结果，要想有不一样的结果，就必须要更新现在的观念和行为，哪怕是过去让你成功的方法和策略。不改变就会落伍。

"一个想要成功的人就应该敢于承担责任，拒绝任何借口从而改变自己，不是沉溺于自怜的深渊中感叹！"世界上只有一件事情永远不会

变，那就是世界每天都在变。只有改变自己，才能有所突破，才能有所成长，才会取得史无前例的成功。要想取得更高的成就，就必须敢于求新、求变！

扎克伯格的智慧

与其急着改变世界，不如先试着改变自己。当你的能力尚不足以撼动世界，却口口声声说要撼动世界，自然会显得自不量力；当你一点点改变自己时，就能用自身良好的言行去影响周围的人和事。

成功需要适当的欲望

一项很有意思的全国网络调查发现，在 5000 多名参与者中有91％的人认为"我们的社会过于功利和物质化"。言下之意，大家都觉得其他人太过物质和功利了。不过，还是有 87％的人希望自己能有更多的钱和更高的社会地位，83％的人认为拥有"一套漂亮的大房子、一辆新车和体面的工作以及其他美好的东西"是"非常重要"的。

现在的社会已经演化成为一座欲望都市，那么存在欲望是否是一件好事？

《我们为什么不快乐》一书在谈到人类的欲望时，写道：如果一个人的欲望被别人控制，他就很容易成为被别人操纵的棋子。从这个角度说，孙悟空的厉害在于，他没有任何欲望，没有任何可以被他人操纵的弱点，他连死亡都不存在，连求生的欲望都不需要。这应了中国的一句古话——"无欲则刚"。

然而，我们不能如孙悟空那样无欲无求。人生在世不能没有欲望，就像大海不能不涨潮一样，这是一种自然规律。

欲望是伴你成大业的天使，也是引你下地狱的魔鬼。假如世人都没有欲望，就会对什么事情都不感兴趣，就会缺少热情、缺少投入、缺少追求，那将是多么苍白的生活画卷。问题的关键在于，人们如何把握住自己的欲望尺度。涨潮也有落潮时，不让欲望泛滥成灾，才是可取之举。失败的人生是被欲望驾驭的人生，成功的人生应该能成功地驾驭欲望。

我们有欲、有求，此乃人之常情，但我们必须懂得优化欲望、与

欲望达成和解。只要找到你喜欢的节奏和步调，对你而言，你就不再是欲望的奴隶，而是它的朋友。

2012年2月1日，Facebook这家拥有8.5亿用户的社交巨头于当地时间开盘后向美国证券交易委员会（SEC）正式递交了首次公开募股（IPO）申请，计划融资50亿美元，这是美国历史上最大的科技公司IPO。公司估值很可能高达1000亿美元。

作为Facebook创始人，扎克伯格上周对外发布公开信，就公司IPO计划做出详细解析并列出公司的核心价值所在，"我们早晨醒来后的第一目标不是赚钱，但是我们知道，完成我们最好使命的方式是打造最强大和最有价值的公司。这也是我们启动IPO的原因，我们为了投资者和员工而上市。"扎克伯格在信中说。

这个不以赚钱为目标的公司即将赚得盆满钵满。按照28.4%的持股比例和Facebook千亿美元的市场估值，27岁的扎克伯格身价284亿美元，位列《福布斯》2011全球富豪榜第九位，超过了李嘉诚，排在比尔·盖茨、巴菲特等人之后。Facebook早期的投资者和扎克伯格的创业伙伴们也纷纷跻身亿元俱乐部。

虽然和普通人一样，具有对金钱的渴望，但扎克伯格并没有让金钱冲坏自己的头脑。在Facebook上的兴趣爱好一栏，扎克伯格填写了"极端保守主义""革命""消除欲望"。现在的他依然保持着年少时的一些习惯，开着廉价的本田车，击剑，不修边幅。在数次改变Facebook命运的发布会上，他都穿着T恤、牛仔裤和露趾凉拖面对全球，2011年也不例外，但这似乎已经成为他刻意保持的同乔布斯类似的科技业符号，实际上，他已经成为一个真正的CEO，已经学会如何运营一个帝国般的公司，如何成熟地应答媒体，如何在公众面前保持亲和力。

通过对自己的欲望的准确掌控，扎克伯格能够在贫穷、受挫的时候，继续对自己的创业之路保有坚定的信念。通过对自己欲望的准确

掌控，扎克伯克能够在面对财富和声誉的时候，保持一颗平常心，继续带领 Facebook 向下一个目标奋斗。

成功源于欲望。成功最初仅仅是一个意念而已，连最初的意念都不存在，又谈何成功呢？成功者总是有一个宏愿，敢于追求那些平常人看来不可能获得的东西。爱迪生梦寐以求，希望给这个世界带来光明，于是有了电灯。这对当时的人们来说简直是天方夜谭。当月收入只有几百元的你希望能成为亿万富翁的时候，或许周围的人会向你报以冷笑，但今天的亿万富翁们起初也和你我一样身无分文，为什么他们能，你我却不能？

成功者敢于想，失败者则不敢，迈向成功的第一步就需要想，需要欲望，需要树立一个宏愿："我要成功！"这是迈向成功的起点，无数人之所以平庸、落魄，就是因为这个起点不存在。"我一定要成功"是一个欲望，也是一种心态。

难道我们无法逃脱这个贪婪的旋涡吗？或许还是有希望的。戴维·迈尔斯等社会心理学家为我们能在物质主义中过得知足和快乐些，提供了很好的建议：

1. 请重视亲密、支持性的关系。亲子之爱、友人之情、夫妻之忠贞，这些亲密的、带有支持性的关系才是我们获得满足的最深层来源，无关金钱地位。

2. 拥有宁静而达观的信仰。寻一个可以支撑精神世界的信念，即使一个人独处时也不会觉得孤独。

3. 在社会比较中认识自我。学着接纳自己，学着接纳善良、诚信、尊严、节制，学着接纳健康的人格，去做自己想做的事情，并不懈努力。学着把财富多寡、地位高低这样的功利性评判标准摒弃，因为人不是在有了钱、有了地位之后，才有尊严和自我。

4. 向积极的特质靠拢。乐观、自尊，追求自由、平等，不卑不亢地面对一切，你就不会被任何大山压倒。特质多来源于先天的遗传，但也不否认后天环境和自我的塑造，只要努力去改进，一定会具备。

5. 全神贯注于自己的事业，或者个人兴趣当中。沉浸在一种活动中——最好是可以持续一辈子的活动。当你全身心地投入、进行忘我的精神挑战的时候，你会觉得很快乐。喜欢旅游，那就成为一个能独赏别人看不到的绝美风景的行者；喜欢电影，那就成为一个能品出故事里最震撼人心的意味的评者；喜欢阅读，那就成为一个能悟出字里行间价值光芒的读者。据调查，一种休闲活动花费的金钱越少，你就越能在这项活动中感觉到快乐。

不要在年轻时就让欲望的潮水如脱缰的野马冲开理智的大坝，只有这样，才能少走弯路，少流悔恨的泪水。清爽恬淡，笑对人生，也是一种高度的幸福。

扎克伯格的智慧

成功源于欲望，没有欲望持续推动又谈何成功。然而欲望适度则为利，欲望过度则为害。我们需要做的就是，能够在面对内心不合理的欲望时勇敢说不，在意志消沉的时候让欲望带领自己走出低谷。

忠告二：
不狂妄自大，不迷失自我

自信是由内而外的震撼
不要忘了我们在做什么
好奇心驱使我们前进
心动不如行动
"以人为镜，可以明得失"

自信是由内而外的震撼

成功学的创始人拿破仑·希尔说："自信，是人类运用和驾驭宇宙无穷大智的唯一管道，是所有'奇迹'的根基，是所有科学法则无法分析的玄妙神迹的发源地。"

强大的自信心，是一个成功人士的关键特质之一。一个没有自信的人，是很难产生野心的，他的想法只能是遥不可及的幻想而已。即便这个人能够鼓足那么一点点勇气，也很难坚持走完剩下的道路。

自信的确在很大程度上促进了一个人的成功，从不少人的创业史上我们都可见一斑。自信可以把人从困境中解救出来，可以使人在黑暗中看到成功的光芒，可以赋予人奋斗的动力。或许可以这么说："拥有自信，就拥有了成功的一半。"只有自信的人，才能做到敢想敢做，做到在困难面前不气馁，在非议面前不动摇，在障碍面前不放弃，在诱惑面前不分神，坚定不移地走自己的道路，直至成功。

扎克伯格年少成名，隐然有乔布斯之风。2004 年秋，刚刚搬到硅谷的马克·扎克伯格出现在朱迪·福斯科面前，要租下她在洛斯阿尔托斯的一栋房子。这位房东立刻就被他的自信打动了。

福斯科最近接受采访时回忆道，当时她觉得这么年轻就想租自己的房子有点不可思议，于是她问扎克伯格："哎呀，你多大了？"

"二十岁了。"扎克伯格说道。

福斯科继续和他半开玩笑地说："你觉得我会把价值 100 万美元的

房子租给你吗?"扎克伯格毫不犹豫地点头肯定。后来，福斯科又发现，这个租户的目的非常明确。当她两年后在帕罗奥尔托市中心碰到他时，她问扎克伯格，为什么要放弃雅虎10亿美元的收购请求?

扎克伯格说："朱迪，我做这些不是为了赚钱。"

Facebook融资之年，扎克伯格已经选择了一个更为专业的挑战目标。他对朋友说，他2012年的目标是"严格管理时间"。一些不肯透露姓名的Facebook员工表示，他们都被扎克伯格清晰的愿景所折服。他偶尔会缺乏基本的沟通技巧，变成感情用事的老板。但在Facebook内部，扎克伯格却从不使用独立办公室，而是与其他工程师坐在一起。他认定的事绝对不改变，从这一点来看他确实足够自信。他也希望将这种自信植入公司内部。

在Facebook的发展历程中，那些创业者可能遇到的问题，扎克伯格都遇到过。在最艰难的时候，扎克伯格也曾有过那么一丝的动摇，而铺天盖地的非议，更是这个本来就因非议而生的网站从未停息的障碍。但是扎克伯格相信，这些都不足以影响最终的结果，所以，他坚持了下来。于是，有了我们今天津津乐道的网络帝国的存在。

自信是一种无形的动力，同样可以激发人的潜力，调动一个人的积极性。在自信心的铺垫下，人会产生一种强大的力量，催促自己走向成功。

国内外多少科学家，尤其是发明家，哪一位不是对自己所攻克的项目充满信心呢? 一次又一次地失败只会一次又一次地激发起他们的斗志——他们认为：失败越多，距离成功也就越近了。但自信不是平白无故就会附着在人身上的，首先要有真才实学，接着才会有真正意义上的自信，并把它作为一种极其有用的动力。

在普佐15岁的时候，任西西里岛地方长官助手的父亲患病去世了。他家没什么积蓄，没有余力供他读书了，只得让他到酒店做侍者

挣钱养家。

三年之后，仍旧是侍者的他成了高大帅气的小伙子。但是有一天下班回家，他闷闷不乐。在母亲的追问中，他讲述了自己的遭遇：原来他在端汤的时候不小心将汤汁溅到了顾客的身上，被顾客和领班狠狠教训了一通。他很委屈，赌气说再也不去酒店上班了。

没想到母亲不同情他，反而还责骂他，他都要哭出来了。母亲接着说："如果你是一个合格的侍者，就不会发生这样的事。发生了这样的事就是因为你心里没有想过要做个好侍者！孩子，好好做吧，只要你心中时刻想着侍者也是荣耀的职业，你就会获得荣耀！"母亲的话并没消除普佐心中的委屈，但他仍然去酒店上班，因为母亲不同意他辞去酒店的工作。他做着，但很不开心。

一天中午，普佐正忙着，抬眼一看，母亲来了。他刚要打招呼，母亲食指按在嘴前示意他不要出声，然后装作不认识似的坐下，悄声告诉他要像对待别人一样地对待她。母亲也像其他顾客一样点了酒菜，他为母亲服务着，可做得既慌乱又笨拙，在上最后一道菜时竟把桌上的酒杯碰翻了。母亲盯着他，低声说："你觉得做侍者丢脸是吗？我看你的样子像做贼，你这样做才恰恰是最丢脸的，你知道不知道？"说着，她手一扬，将杯里的酒全泼在了他脸上，转身走了。普佐站在那里，心一颤，眼泪流了下来。

晚上回家后，母亲拥抱了他，接着又对他说："孩子，你要珍爱你的职业，你不能觉得自己低贱，你心里要觉得自己像一个国王……"

他笑了，对母亲说："可我只是一个侍者啊……"

母亲说："不错，你是侍者，可你要做到最好，你就会成为侍者中的国王！"

母亲拍着他的肩说："孩子，从明天开始，你试试用另一种态度做事好吗？"

面对着母亲期许的眼神，普佐点头答应了。

在这之后，普佐工作的态度转变了，他不再是以前那个哀怨的侍

者，他变得自信而细致了。慢慢地，他成了受欢迎的人，很多来酒店的人都点名要他服务。就是有时走在街上也会有人热情地和他打招呼，他觉得整个罗马都知道了他的名字。

一天，普佐正忙碌而又熟练地招待着顾客，他的母亲进来了，手捧一大束芬芳的鲜花，递到了儿子的手里，笑容满面地说："孩子，祝贺你20岁的生日，你今天真的成了国王！"

后来，普佐创立了凯莱旺大酒店，他真的成了罗马餐饮业中的国王。

显然，普佐从一个普通侍者摇身一变成为罗马餐饮业国王，并非是因为他比别人更加聪明，主要是他从母亲的鼓励话语中，获得了对未来的自信。正是这种自信的力量，调动了他的积极性，激发了他的能量，这才使他走到了其他人的前面。

那么，如何做才能使自己信心满满呢？

一是坚信自己的能力，相信"我可以做到"。在做任何事情以前，如果能够充分肯定自我，就等于已经成功了一半。当你面对挑战时，你不妨告诉自己：我就是最优秀和最聪明的，我一定能够做到。在任何危急的困境中，都要保持自信，这样才能有一种乐观积极的心态。不论是那些风云人物，还是平平凡凡的你，自信可以让人焕发出迷人的魅力，可以感染无数与你接触的人。

二是坚信自己的选择是正确的、最优的。敢不敢坚持自己的主张，特别是在权威面前敢不敢坚信自己的主张，这十分重要。当然，这样做的基础是自己的主张有科学的依据，而不是胡乱瞎想。

也许你不是这个世界上最聪明的、最有指望获得成功的人，但是你一定要像哈佛大学中那些被挑出来做实验的普通学生一样，相信自己是最优秀的，可以做得比别人更好。只要你有足够的自信心并且不断努力，你就能在未来的道路上最大限度地发挥出自己的潜能，成为最好的自己。

扎克伯格的智慧

　　自信是走向成功的前提。一个人若是没有自信心，就不敢想、不敢做、不敢坚持自己的道路，自然浪难取得成就。

不要忘了我们在做什么

当我们决定做一件事情的时候，自己的初衷或许并不是多么远大或者有意义，有可能只是一个小小的想法甚至是一个十分模糊的感觉。而在将这个想法付诸实践的过程中，我们通过不断地探索，随着相关的积累越来越多，这个想法才会真正清晰起来。这个时候，我们才会真正弄明白自己做这一切的真正的目的和意义。

但并不是所有人都能够坚持到这一步。在我们实践的过程中，也会不断地获取外界的灵感，借鉴别人的东西。但这些东西并不一定会完全符合我们的道路，支持最终的目的。举一个简单的例子，我们上大学的目的是让生活变得更好，但是因为我们忘记了这个初衷，很多人就是为了上大学而学习，为了上大学而上大学，痛苦不堪的同时变成了十足的书呆子，反而失去了快乐的能力。有时候我们为了解决一个问题去设计一个机器，当我们看到有一个别的机器做得十分美观时，很难不受触动，我们也会想将自己的机器变得更加美观，但是假如忘记了我们的初衷是要用它解决一个问题，那么就会过分注重美观，弄出一个华而不实的东西。

因此，在我们将想法变成实物的过程中，一定要不断地反省自己的真实目的，确保不脱离轨道；而任何东西，它最重要的价值在于有用性，这应该成为我们一切目的的核心。

Facebook 一开始上线的时候，扎克伯格也不惜把它打上个性化和酷的烙印。比如"捅"（Poke）一下，在此之前没有哪个人听说过或

者开发过这个功能。"捅"这个略显暧昧的动作会不会很"酷"呢？当然！实际上在 Facebook 的初期，人们除了浏览别人的照片和简介之外，能做的最有意义的事情就是"捅"一下别人，虽然简单，但很多人乐此不疲。

Facebook 创立之初最大的竞争对手一直是社交网站 MySpace。MySpace 创立于 2003 年，虽然只比 Facebook 早了一年，但就是这一年的时间，MySpace 的用户至少比 Facebook 多了 100 万人。扎克伯格和莫斯科维茨曾经对 MySpace 做过一段时间的研究。

他们发现 MySpace 显然比 Facebook "酷"多了，它的个人页面中加入了时下流行的游戏、星座和博客功能，它的应用多得让人眼花缭乱。而且洛杉矶乐队把 MySpace 作为了推广平台，随后全美很多音乐人都加入了 MySpace。随着歌迷们的不断加入，年轻人渐渐地开始觉得 MySpace 很时髦，这里既是人们寻找乐队的第一站点，同时也是夜店聚会热潮的发源地。

扎克伯格和莫斯科维茨不得不承认 MySpace 确实很成功，但是 Facebook 同样吸引人，虽然现在只有上传头像、更新简介、加为好友和"捅"一下的简单功能。扎克伯格和莫斯科维茨发现了问题的根源，Facebook 与 MySpace 最大的不同，在于 Facebook 上的每一个人都是真实的。人们喜欢 Facebook 因为可以看到别人的简介，交到更多的好友，而这是真实社交关系的网络化反应。

"如果一味求酷，我们可能会误入歧途。"莫斯科维茨对扎克伯格说道。

"是的，既然我们知道自己最大的优点是什么，为什么不坚持下去呢？从今天开始，Facebook 的宗旨是要变得有用。"扎克伯格显然同意了莫斯科维茨的观点。此后，Facebook 开始按照实用为主的风格开始了网站建设。

不管在 Facebook 上开发哪一个功能，都将是为了用户能更方便地沟通和交流。在扎克伯格看来，MySpace 上的那些东西显然是舍本逐

末。他坚定地相信，Facebook 有一天会变成一个公共平台，那时候人们的生活将离不开它。事实上，后来扎克伯格一直沿着这条思路把握着 Facebook 的发展方向。

扎克伯格想要建立的其实是一个对加强人们之间的联系更为有用的东西，这才是 Facebook 最大的价值。Facebook 可以酷，但酷不是最重要的，关键在于有用性。只有忠于"变得有用"这个终极目标，Facebook 才不会偏离本身的轨道。

"墙"是个人信息发布的园地；而"群组"则让志同道合的人们一起交流。即使"图片功能"上线，也不是让人秀秀图片那么简单，而是成为好友们互相交流的最新途径。每一个用人名标注的图片，其本身就成为一种可交互的信息。而"动态新闻"让 Facebook 这个网络社会真正形成了一张网，在这张网里，每一个人每天的"新闻"将被传递到他的朋友那里。扎克伯格曾说："一个在你家门前垂死的小松鼠也许比非洲死去的人更让你感兴趣。"

F8 大会上，扎克伯格宣布把 Facebook 打造成一个应用平台，每个人都能在上面开发软件。这时，扎克伯格虽然仍然想让 Facebook 的用户接触到更多有用的东西，但是他却不能阻止那些无用的软件产生。一开始的时候，"绒毛朋友"（养电子宠物）、"食物大战"（可以向朋友扔食物）等毫无意义的程序在 Facebook 上大行其道。扎克伯格也产生过很多担心，但是后来拼字游戏"Scrofulous"的成功，充分说明真正好的而且有用的应用一定会受到欢迎。而另一方面，扎克伯格也逐渐明白，用户自己会去选择对他更加有用的东西。也许他就想养一只电子宠物，而不想去做什么拼字游戏呢。想明白这点之后，扎克伯格反倒释然了。

Facebook 发展到今天，已经不需要设计者来决定什么有用了，它已经形成了一个完整的生态系统，它上面运行的 5 万多个应用（将来还会更多），总有一款是对你有用的，不是吗？也许这才是 Facebook

最吸引人的地方。

Facebook 是数百万人互相联系的工具。人们用它分享体验，打造新的体验。最重要的是，Facebook 做到了其他网站没有做到的，那就是面对如此大规模的用户，仍然高效运转：它营造了一个可以让你与现实中的好友交互的虚拟环境。

在 Facebook 那里，没必要解释这东西有多么实用——6 亿多用户已经足够说明一切了。正是由于它实用，这家公司才获得了成功。这是一个不断循环的主体，所有成功的公司无不以此为基础。而许多新创企业似乎还没有吃透这一点。要解释什么样的产品或服务实用其实很简单：人们是否会反复不断地经常使用它。让某样东西成为你和其他人经常使用的，并且独一无二。如果你能做到这点，再加上前面提及的那些，你就有机会创造并继续保持一个成功的企业。

在实现梦想的过程中，难免也会借鉴一些别人的优势，也会突发奇想。在这个时候，一定要记得回顾和反省一下自己真正的、最终的目的，审视这种借鉴和灵感对于终极目标的贡献，以确定它们的分量。只有这样，才能保证你在梦想的道路上不断完善并且始终走在正确的轨道上。

扎克伯格的智慧

无论做什么事情，我们都要弄清楚最后的目的；不管是什么东西，有用才是最直接的价值。

好奇心驱使我们前进

好奇心有一种神秘的力量，能吸引人不断地探索未知世界，寻求新的梦想突破点。当代著名的物理学家李政道博士说："好奇心很重要，要搞科学离不开好奇。道理很简单，只有好奇才能提出问题、解决问题。可怕的是提不出问题，迈不出第一步。"

如果瓦特不对水烧开以后会从水壶里溢出来感到好奇，就不会有蒸汽机的发明；

如果达·芬奇不对画蛋感到好奇，就不可能在绘画上有所造诣；

……

好奇是创造的基础和动力，是人类梦想的最初源泉。发明和发现并不像我们想象的那么神奇，只要有强烈的好奇心，持之以恒地钻研下去，任何一个正常人都有发明创造的机会。人类社会的发展就是因为无数次好奇，无数次因好奇而探索，并在探索中发现奥秘，从而不断进步和发展的。一个人对各种事物的好奇心越强烈，就越具有探索的眼光。如果一个人对周围的事物都熟视无睹，就不可能发现新事物。

一位学者指出："人们只有在好奇心的引导下，才会去探索被表象所遮盖的事物的本来面貌。"好奇是铸就成功和杰出的最重要的因素。因为只有好奇才能产生兴趣，只有感兴趣才能产生探索的欲望和动力。很多成功者能够实现梦想的秘诀都在于永远保持一种好奇心。

马克·扎克伯格的童年与其他人并没有什么明显的不同，除了一点，就是他很小的时候就喜欢各种各样的电器，不管是音响还是吸尘

器，只要他感兴趣的，他就会埋头研究，直到把它们拆开搞清楚那些东西是怎么工作的，否则绝不罢手。

扎克伯格很喜欢到父亲的牙科诊所去玩，那里除了有一个装满了各种饰品礼物的鱼缸之外，最吸引他的是父亲的诊所的 IBM 电脑。扎克伯格对这样一个可以代替人类完成复杂计算和各种工作的机器充满了好奇之心。

扎克伯格的父亲爱德华在扎克伯格出生的那一年采购了第一台 IBM 作为办公之用。在工作之余，他也曾自学了电脑编程方面的基本知识，毕竟这是一个电脑大行其道的时代，没有哪个人不喜欢研究一点电脑知识。当爱德华看到幼小的扎克伯格对电脑感到好奇的时候，决定对孩子的兴趣进行培养。他找来一个更早的雅利达 800，并把它接在家用电视上，教扎克伯格用 Basic 语言编写简单程序。

扎克伯格像发现了新大陆一般，对编程的好奇促使他着魔一般地把能挤出来的所有时间花在编程学习上。经过一段时间的观察，爱德华发现扎克伯克是真的喜爱电脑，绝不是一时兴趣那么简单，所以在扎克伯格 10 岁那年，爱德华给扎克伯克买了第一台个人电脑。到后来，老师都已法再教给他新的知识，好奇心得不到满足的他只好小小年纪就去大学里学习，并取得了让教授们都惊叹的成绩。

是什么成就了一名世界级企业家？是什么力量令扎克伯格在漫长的求知路上不畏艰辛？美国社交网站 Facebook 的创办人，被人们冠以"盖茨第二"美誉的马克·扎克伯格给出的答案是三个字：好奇心。

好奇心是个体对新奇事物或者新的外界条件刺激下产生的探究反应，也是个体寻求知识，主动学习的动力。可以说，正是人类的好奇心，促进了世界的向前发展。

心理研究表明，当一个人对某些事物产生好奇时，他就会充满兴趣地去研究。他就会变得愉快，精神放松，使大脑高度兴奋。他的创造性就会得到高度发挥。我们越来越意识到，在自己不感兴趣的领域里，要取得优异的成绩是很难的。是否具有强烈的好奇心和浓厚的兴

趣，将在很大程度上决定着参与未来社会竞争的成败，决定了你的梦想能否真正的实现。

好奇心驱动我们不断去寻找，同时，好奇心也是创造型人才不可缺少的特质。

乔布斯从小就对一切都充满着好奇。他好像属于那种基因里就带着爱搞恶作剧因素的孩子。在小的时候，他会带着小伙伴们跑到医院，为什么呢？就是因为他好奇杀虫剂吃起来究竟是什么味道。他还会把发夹塞到电源插座内，仅仅因为电源插座烧焦发出的难闻气味可以满足自己的好奇心。乔布斯童年的这种好奇心定格在了电子产品上，终于迸发出强大的力量，诞生了伟大的"苹果"。

而在乔布斯之前的发明大王爱迪生也是因为好奇心足够强烈，所以在别人匪夷所思的眼光中不断坚持进行发明创造。很小的时候，爱迪生就显露出了极强的好奇心，只要看到不明白的事情，他就抓住大人的衣角儿问个不停，非要问出个子丑寅卯来。

上学之后，每次老师买教具到教室，爱迪生一定要打开来玩、来看看、来探索，问题是看完、玩完之后，装不回去。这让他的老师很头痛，在课堂上公开问老师为什么"2＋2＝4"也令老师招架不住。在上了三个月的课以后，爱迪生就被老师赶回家了。好在爱迪生的母亲并没有因为爱迪生被撵回来而责怪他，相反，她决定自己把孩子教育好。当她发现爱迪生好奇心重、对物理、化学特别感兴趣时，就给他买了有关物理、化学实验的书。于是，爱迪生慢慢走上了发明创造的实验之路。

应该说，乔布斯的每项研发以及爱迪生的每一项发明都和他们的好奇心紧紧相连。可见，好奇心是促使我们探索未知世界的原动力，大凡伟人或者成功之人，内心深处都有着极强的好奇心。

事实上，每个人都有发现世界的本能欲望，而这种本能欲望能让你消化堆积如山的知识。它能够揭开世界上许多神秘事物的意义，引

导你全方位地理解生活，如果你一心一意去做的话。好奇心能够帮助你努力学习和自律，使你尽可能具备一个最优秀的学生所需要的素质。

年轻的朋友们，像新生儿一样，怀有一颗好奇的心吧，这样你才能永不满足，去积极地发现一切事情，并且还能让你不为时空限制，使你超越现在，推动你去学习一切你不知道和不熟悉的知识。

扎克伯格的智慧

抱着初学者之心去生活去工作，强调了两个方面：一是像初学者一样，保持着对一切知识的好奇；二是像初学者一样谦虚，不断向别人学习，不断去聆听别人的意见，不断改进自己。

心动不如行动

世界上，没有哪一件事情刚一开始就无可挑剔的完美，也没有哪一件事情会一帆风顺直到最后。假如我们一开始就瞻前顾后，因为害怕不完美和遇到困境而犹豫不决，就会错失良机。没有开始，自然就没有过程，更不可能有结果。一个无法付诸实践的理想，就是镜中花、水中月，可望而不可即。

"说得多，不如先做了再说"这句话其实有两层意思，第一层是要大胆去做，不要因为对未来的惧怕或者对问题的过度思考而拖延了自己前进的步伐；另一层则是说，在做事的过程中要不断吸取经验和教训，一方面不断完善自己，另一方面把自己要做的事情做得更加漂亮，做事的过程，就是一个不断提升自我的过程。

世界上最不缺的就是想法，缺的是强大的执行力。每个人都有自己的梦想，但很多人并不能将之付诸实践。而世界上每一个成功的人，都是敢想敢做的人，他们的成功也是在后来一步步的改进当中才完成的。

扎克伯格对黑客情有独钟，Facebook 也曾遭到了被"黑"的命运。2006 年佐治亚南方大学 19 岁的克里斯·普特南成功地黑进了公司服务器，使得 Facebook 上 2000 份个人简介对所有人开放。他还在代码中插入了一段注解："我无心搞破坏，只是想来逛逛。"既然有这样的天才，为什么不把他找来呢？扎克伯格聘用了他。虽然他还在读大学二年级，但这又有什么关系，在 Facebook 的员工看来，辍学创业是一种美德。

在 Facebook 的办公室中，随处可以听到黑客们的口头禅，比如"代码胜过雄辩"。意思是说，黑客们可不会对某个新创意是否可行而进行连续几天的无休止讨论，他们要做的是亲自动手尝试。

扎克伯格认为一个好的黑客，其创造力胜过十个循规蹈矩的工程师。扎克伯格鼓励创新，所以 Facebook 每隔几个月就会举行一次"黑客马拉松"，让人们依照他们的新创意开发产品模型。

"黑客马拉松"在 Facebook 以外的人看来，充满了传奇而神秘的色彩。

"黑客马拉松"通常在晚上 11 点的时候开始，届时负责组织"黑客马拉松"的程序员们去 DJ 台前，把音乐的音量调到最大。这是一个约定俗成的信号，说明一场"黑客马拉松"就要开始。

工程师们可能并不会离开自己的座位，而是随着音乐的节拍自然进入兴奋的状态。要知道深夜的时候如果没有足够的兴奋，又怎么能够引燃创意的火花。

不一会儿，丰盛的夜宵被送来了，这可能是 Facebook 大厨的一次精心制作，也可能是最火爆餐厅的外卖美食，啤酒、咖啡、红牛免费供应，而且绝对不用担心喝光。当然这些美食只是"黑客马拉松"的开始。等你吃饱了喝足了足够兴奋的时候，这次"黑客马拉松"的主题将被公布出来，可能是一个全新领域的创意，也可能是一次极限编程的尝试。之所以叫作马拉松，是因为这次编程很可能持续好几天。

最后，当"黑客马拉松"结束的时候，整个团队会一同分析和研究那些刚刚被开发出来的产品。如果被证明是有用的，那么它很快会被完善，并在合适的时候添加到 Facebook 的新功能中去。如果证明是没有用的，也没有关系，谁知道下一个改变世界的想法会不会从这些失败的尝试中逐渐积累起来呢？这是 Facebook 的方式，也是被无数次证明了的有效的开发办法。

有了想法就立即去做，先做了再慢慢地完善，慢慢一步步往前走。

Facebook 从 2004 年上线至今经历了很多大的改变，也有很多小的调整。其实网站发展到如今的规模，恐怕并不在扎克伯克的最初的预料之中。但随着用户的不断增加，他不断对网站进行改进，最后才让网站成为我们现在看到的样子。如果扎克伯格从创立网站的最开始就要打造一个用户遍布全球的超大型社交网站的话，那恐怕光是服务器的费用就足以让他打消这个念头。

同样，我们可以相信比尔·盖茨在离开哈佛创建自己的公司的时候并没有考虑那么多，他只是觉得这方面是自己的特长，同时也敏锐地感受到了其中的商机，于是便投身其中大干一场，然后在吸取经验教训的同时不断完善自己的公司，最后把它发展成一个世界级的大企业。

为者常成，行者常至，只有去做才能知道其中的奥妙，如果总是畏首畏尾浅尝辄止，那一定会一事无成。的确，缜密的思维对于一个成功者来说是很重要的，但他们从来不会被自己的思维束缚进而忘掉了自己的初衷。

安东尼·吉娜是美国纽约百老汇中最年轻、最负盛名的年轻演员，获得过奥斯卡最佳女主角奖。吉娜能这么年轻就取得如此巨大的成就，关键就在于她敢想敢做。

安东尼·吉娜在大学的时候，就已经是艺术团的歌剧演员了，当时她的理想就是要在纽约百老汇中成为一名优秀的女主角。哲学课老师知道她的理想后，找到了她，问她是不是毕业后想去百老汇？吉娜回答是。

哲学老师问道："你现在去和三年后毕业去有什么大的差别吗？"安东尼·吉娜想了半天回答说没有。

老师问道："既然没区别，为什么不能现在去？"吉娜想了半天，说："我准备一些生活用品，一个月后出发。"

"为什么不是现在？"哲学老师问："在纽约买不到生活用品吗？"

安东尼·吉娜激动地说道："好，我明天就去！"哲学老师赞许地点了点头，变戏法般掏出了一张第二天飞向纽约的机票。

第二天，吉娜就飞向了美国百老汇。当时，百老汇的制片人正在酝酿一部经典剧目，征集主角。而她抓住了这个机遇，最后确定主角就是安东尼·吉娜。就这样，安东尼·吉娜开始了演艺生涯。

我们不可能在开始做事情的时候就做好所有准备，我们要的就是在过程中不断完善自己最初的想法，而不是因为前路的未知而畏首畏尾。安东尼·吉娜说过："有了梦想就要去努力实现，如果你不去努力，而是再三推迟，那么它永远只能是梦想，甚至是幻想。想好了，就去做!"

当然我们也不是反对在做事之前进行精密的准备，但如果准备过于精密，想对所有的情况都加以考虑，反而会阻碍我们的行动。没有事情是能够一蹴而就的，必然有一个不断完善的过程。

阿里巴巴 CEO 马云当年准备开公司的时候根本就没有在意自己手里的资金能支持多久，也没有关心自己的网站会不会被大家接受，他做的就是把自己全部的钱加上自己借来的钱全部投到自己的公司里，虽然此后险象环生，阿里巴巴几乎夭折，但最终马云坚持下来，也才有了现在的淘宝网。如果他在一开始就考虑我要找多少人，我的钱够他们吃多长间，那我相信他连起步的胆量都不会有。马云正是凭着这股闯劲才让阿里巴巴不断发展不断完善，最后成为一个"淘宝帝国"。

现在反思一下我们的过去，可能很多时候我们都没能勇敢地走出第一步，所以就没有了下文，很多时候我们认为一件事情难就不去做，当别人把它完成的时候我们也只能望洋兴叹了。

青少年正是爱做梦的年纪，但不管梦是大是小，我们都要勇敢地将它付诸实践。有了开始，我们才有机会不断地完善它，直至实现自己的梦想。

扎克伯格的智慧

有想法就不要犹豫，先做了再说。不然，梦想就只能是一个幻想。

"以人为镜，可以明得失"

唐朝时，唐太宗问魏征："我作为一国之君，怎样才能明辨是非，不受蒙蔽呢？"魏征回答说："作为国君，只听一面之词就会糊里糊涂，常常会做出错误的判断。只有广泛听取意见，采纳正确的主张，您才能不受欺骗，下边的情况您也就了解得一清二楚了。"

学问家傅雷常被人形容为固执，其实他并不是一个独断专横的人，傅雷的有些朋友（包括钱钟书夫妇）批评他不让傅聪进学校，说这样会使孩子脱离群众，不能适应社会。傅雷从谏如流，就把阿聪送入中学读书。放掉无谓的固执，冷静地用开放的心胸去做正确抉择。

百度 CEO 李彦宏是一个很优秀的领导，他在做每一个决定的时候，对于他人的意见既不是全盘接受，也不是全盘否定，而是根据情况的变化及时修正自己的目标和行动。

2012 年，Facebook CEO 马克·扎克伯格在 Y Combinator 的创业学校活动上表示，创业公司在开发产品之前应当分析市场数据，倾听市场声音，而不是去抄袭。

以公司的照片分享服务为例，Facebook 并不是主观臆测用户会喜欢照片分享服务，而是通过研究得出了这一结论。他们倾听用户的需求，包括了解他们定性的意见和定量的行为。实际上，用户并不会明确表示，他们想要照片分享服务，仅仅只是每天往个人页面中上传照片。因此，Facebook 开发了照片分享服务，而该服务也实现了爆炸式发展。而这一切都已经在 Facebook 的意料之中。

这并不是 Facebook 最后一次在产品开发中引入这种理念。此前，就曾有成千上万的用户对 Facebook 的"动态汇总"功能表示抗议，但使用该功能的用户数仍在上升，因此 Facebook 坚持保留了这一功能。目前，动态汇总已是 Facebook 网站最关键的功能之一。

另一方面，Facebook 的移动用户数持续增长，但绝大多数 iOS 用户抱怨称，Facebook 的 iOS 应用速度太慢。因此，Facebook 放弃了 iOS 应用原先的 HTML5 技术，转而开发原生应用。在此之后，Facebook 应用在 App Store 应用商店中的用户评分和反馈都有所提升。扎克伯格认为，企业应当倾听用户的意见，同时关注数据。

战国时期的吕不韦就说过："善学者，借人之长以补其短。"顾客才是自己产品的直接使用者，自然对产品最有发言权。扎克伯克正是知道这一点，才能够做到尊重 Facebook 顾客的使用意见，认真聆听，并且率领自己的开发团队对应用产品加以改进。聆听客户意见，使 Facebook 借助别人的力量获得更多的收益，从而在竞争中脱颖而出。无论在工作中还是生活中，千万不要一意孤行，多听听别人的意见，才能更好地改进自己。

一个人要成为行业的领头羊是需要多种综合能力的，只有听取别人的意见，才能使自身的能力均衡地发展，我们的职业生涯才能尽可能延长，我们才能避免被竞争日益激烈的社会淘汰。

说到聆听别人的意见，人们似乎很难将之与乔布斯联系起来。的确，乔布斯常对下属和竞争对手毫不客气，甚至，乔布斯的苛刻常激起很多怨言——尽管如此，我们还是说乔布斯是谦逊和有尊重之心的。那么，他的谦逊和尊重之心到底体现在何处呢？

乔布斯曾经在接受采访时说过："佛教中有个说法叫'初心'。保持初学者之心是非常好的事。"保持初心，可以让我们摆脱很多偏见，让我们看到更多新的可能性。这种谦逊的初心，为乔布斯的创新提供了良好的心理环境。

实际上，在乔布斯那里，没有什么比消费者的意见来得更宝贵的了。

在很多卖家眼里，消费者就是乌合之众、挑剔者，但是，在乔布斯眼里，消费者却是一群"与众不同的""追求梦想"的"天才"。在乔布斯的演讲中，他多次强调苹果的员工不是为了完成工作而工作的人，他们是要为消费者制造帮助他们实现梦想的工具！

根据 Display Search 的最新平板电脑季度调查报道，使用 ARM 处理器的平板电脑产量在 2011 年增长了 211％，达到了 6000 万部。ARM 在便携设备市场的统治地位是因为智能手机和平板电脑的快速增长造成的。占领平板电脑 2/3 天下的 iPad 使用的就是来自 ARM 的处理器。所以目前平板电脑市场正在被 ARM 和 iOS 两个平台统治着。

在发布的乔布斯传记中，沃尔特·艾萨克森写到，如果乔布斯没有听取 iPod 之父托尼·法德尔的意见的话，这一切都不会发生。

有人说这是一种宣传，实际上，通过苹果生产的一系列让消费者为之疯狂的产品，我们可以看出，这是乔布斯的真实想法。如果不是把消费者的意见和团队人员——托尼·法德尔的意见当成是自己的改进的动力，当成是让苹果的产品走向完美的手段，乔布斯不会对自己的产品精雕细琢。可以说，良好的意见就是他追求完美追求卓越的基本动力。

所谓"兼听则明，偏信则暗"，我们需要听取各方面的意见，才能正确认识事物；只相信单方面的话，必然会犯片面性的错误。听取不同人的不同意见，然后在其中做出适当选择，这样才有可能帮助自己去迎接、挑战困难，避免陷入生存的绝境，才能够取得成功。在工作和生活中，我们要养成善于分辨聆听别人意见的好习惯：

首先，要让自己拥有宽广的胸襟。俗话说，心胸决定人的成败。一个人能否取得成功，首先要看他是否有博大的心胸，因为拥有像大海一般的心胸可以让自己少一个敌人，多一个朋友，拉下面子与一个

斤斤计较的小人交谈，会得到更多人心，成功也就是从得到人心做起的。

其次，要聆听别人的意见，我们就要乐于结交朋友。试想，一个孤僻的人，怎么可能听到不同的声音？再者，人们也不喜欢和孤僻的人交往，所以，我们在生活中要养成乐于结交朋友的习惯。

可以选择一个社团，加入一个集邮社、一个健身俱乐部、一个话剧社等等。最常见的方式是，旅途中，必须学会和陌生人相处。我们要乐于结交朋友，无论何时何地，如果有人想主动结识你，绝不要立刻拒绝，而应该马上做出友善的回应，向对方展示你的友善和真诚。永远记住，多善待一个希望结识你的人，你就多增加一份人脉，并可能因此多得一次事业良机。

扎克伯格的智慧

每个人都会有自己的盲点，性格上抑或是能力上的，很多时候我们自己却看不清自己的盲点，依然会因为自己的盲点而犯错。但是如果此时我们能善于听取别人的意见，那么这无疑是帮自己清除盲点的好方法。

忠告三：
把简单的事情做好做彻底

回归简单生活
把精力放在重要的事情上
不要在没价值的事情上浪费时间
最大限度地发挥自己的优势

回归简单生活

行走在都市之中，人潮涌动的街头，喧哗声最容易盖住内心最初信念的呼喊，浮躁、忙碌、不安占据了一切。有话言：有才而性缓定属大才，有智而气和斯为大智。一颗简单宁静的心可以沉淀出生活中的纷繁复杂，过滤掉浅薄粗陋。

一位哲人曾说："头脑清楚、讲求实际的人最简单，未来也一定属于简单思考的人。"是的，无论在工作中，还是在生活中，"保持简单"是最好的做人原则之一。将最简单的事情做到完美也是一种艺术——并且你最终会从中受益。马克·扎克伯格就是在不断追求简单中使Facebook日益完美，从而成就了他的成功之路。

早前，马克·扎克伯格在斯坦福纪念堂里发表演讲时，听众大多数都是20出头的小伙子，这些人很可能就是硅谷未来的创业者。会议主题定位在年轻人和理想主义者上面，他们可能会创立未来的Facebook或Twitter。扎克伯格在演讲当中主要谈了他如何将Facebook发展成目前这个拥有10亿多用户的社交巨头的经过，以及创业期间遇到的种种困难。扎克伯格为年轻人提供的其他忠告是：倾听你的用户，保持简单朴实的特点，做一个可靠的人。

从外表上看，扎克伯格就和美剧中的普通年轻人别无二致。简单的T恤、松垮的牛仔裤、阿迪达斯运动鞋……他的装束随意得仿佛刚从学校图书馆回到飘着花生酱和烤鸡香味的家里。

就像logo一样，Facebook尽量把所有功能的设计退缩到所有用户

需求的最小公约数，并且把握住这个底线。所有国家的 Facebook 都是同样的界面，他们像宗教一样守卫着全球的一个产品，一个设计。不同的地区，不同的人的页面，唯一不同的是他们的名字，和相关的内容；至于功能，所有人一模一样。因为功能的简约、内敛，使人没有办法把 Facebook 简单地称为美国的网站，或者年轻人的网站，因为它追求的就是全球沟通需求中最小的，却被大众所需要的那部分功能。

与每一家年轻的初创企业一样，Facebook 在创立之初也是渺小和孱弱的。它的第一台服务器是在 2004 年的时候花 85 美元租来的。他们总是量入为出，日子过得非常艰难。2004 年的时候，Facebook 还只针对大学生开放。它实际上包含了网络实名的早期概念：与其他的网络不同，用户在 Facebook 网络上就必须是他自己。扎克伯格说："我们一开始去最难取得成功的高校推广 Facebook，如果我们有一款胜过他人的产品，它就值得投资。"

在哈佛大学的校园网上建立了 Facebook 社交网之后，扎克伯格面临着两个选择，要么继续努力，要么卷铺盖回家。扎克伯格必须将 Facebook 网络推广到哥伦比亚、斯坦福和耶鲁等其他的大学——那些大学可都是历史悠久的名校，都拥有最全面的校园社交网络。如果 Facebook 能够在那些名校的校园网站稳脚跟，那么其他的高校校园网就不在话下了。

事实证明扎克伯格的策略是正确的，Facebook 从一所大学推广到另一所大学，慢慢地解决了早期扩大规模的问题。

有时人生需要做加法，有时人生需要做减法，扎克伯克很好地完成了生命的数学题，在功成名就的时候他也仍旧认得当初那个简单的自己：穿着简单，房子装修得简单，简单地热爱自己创造出的一切。通过保持简单的心态，让自己专心执着于自己的事业，扎克伯格让用户在 Facebook 简单的外表下，获得最佳的使用体验。

导演们会为了制作出优秀的影片，而剪掉细微的片段；音乐家会为了优秀的专辑，而牺牲一些看上去不错的歌曲；作家会为了写出精

品，而删掉看似不错的篇章。排除那些不必要的东西，简化不等于删减，而是精简。大多数令人引以为傲的点子，远没有想象的那么伟大。有舍才有得，砍掉细枝末节和多余的野心，要胜过马马虎虎地做一堆傻事。同时做 N 件事情的结果就是：一大把绝妙的点子最后被转化成一个四不像的蹩脚东西。我们只能在众多的灵感当中选择最优秀的一两个，才能真正集中精力将它做到极致，获得成就。

世界上原本就没有太复杂的事情，之所以复杂，都是人为造成的，就像路边的一棵树，看得简单些，它无非就是一棵树而已，可是如果一定要把它放大无穷倍，那就是许多的枝，然后再是无数的叶子。

乔布斯曾这样评价自己："我有这样一句魔咒——专注与简单。简单之所以比复杂更难，是因为你必须努力地清空你的大脑，让它变得简单。但这种努力最终被证实为有价值，因为你一旦进入那种境界，便可以撼动大山。"

从乔布斯的里程碑意义的产品可以看到一个共同特点：简单。乔布斯相信最简单的设计就是最好的。他的团队曾提出 38 个理由，验证手机不可能仅一个键。但他坚持自己的想法。乔布斯要求用户手册要写得非常易懂。他的团队说："我们尽力了，高中生都看得懂。"他却说："不行，要小学一年级也能读懂。"

乔布斯喜欢开完会之后，让员工每人提出 10 件事，再选出大家关心的 10 件事，最后再从 10 件事中选择 3 件事来做。这是先把事情复杂化，最后再归到简单结果的过程。

对产品，他要的是"在简单中做完所有事"和"在做所有事中的那种便捷"。

自打重返苹果后，乔布斯一直在思考一个问题，那就是做减法。他回到苹果后做的第一件事，便是大刀阔斧削减研发项目和人员。当精简到不能再精简时，乔布斯开始做他的"简单与专注"。"他总是相信，最重要的决定不是你要做什么，而是你决定不做什么，"一位同事

说，"他是最简单化主义者。"

真实的乔布斯就是那么简单。在一些新品发布会上，他总是穿一件白色衬衫，或是套一件白色套衫，甚至就是披一块白布出场。

乔布斯是简单完美派的鼻祖，他用简单为标杆设计苹果系列产品，使顾客在简单当中获得最大的使用舒适度。在《简单爆了：推动苹果成功的痴迷》这本书开篇的逸事中，苹果公司包装设计部门的员工辛劳工作数周，为同一款产品设计出了两个版本的新包装。然后他们同乔布斯会面，乔布斯叫他们忘了两种不同的包装。"把它们结合起来，"乔布斯说，"同一个产品，同一个包装盒。"

虽然这个世界万象更生、纷繁复杂，但其本质应是简单。简单构成复杂，简单是复杂的根基。复杂源于简单，最后也将回到简单。洞悉复杂中的真谛，还以简单面目，需要的是智慧。乔布斯深谙禅修和哲学，用他非凡的智慧化繁为简，改变了这个世界。这正是他带给我们的启迪。

做事要卓有成效，一个重要的法则就是要善于将复杂的问题简单化。因为只有简单化，我们才能保持轻松愉快的心情采取持续的行动。反之，复杂化的结果，就是让我们在行动的时候总感觉到顾虑重重，障碍多多，行动力就会大打折扣，那样也会离完美越来越远。

扎克伯格的智慧

无论在工作中，还是在生活中，"保持简单"是最好的做人原则之一。将最简单的事情做到完美也是一种艺术——并且你最终会从中受益。

把精力放在重要的事情上

著名企业家冯仑讲过:"想在人生的路上投资并有所收益,有所回报,第一件事就是必须在一个方向上去积累,连续的正向积累比什么都重要。"

一个人的精力是有限的,所拥有的资源也是有限的。我们不可能将所有的事情都做得很好,也没有必要将所有的事情都做好——成就一生只需要做好一件事情。

回顾以往的成长历程,便会发现"扎克"——几乎所有人都这么叫他,是一个罕见的将谦虚、专注和极度自信集于一身的人。他已经多次显示出理想主义的迹象。但同样有很多证据表明,他的专注和远见可以让他超出所有人的预料,成为一家上市公司的CEO。

2012年7月,当Facebook如约发行第二季度的财报时,扎克伯格也首次公开回应了有关Facebook将推出自有品牌智能手机的传闻:"我们认为我们应该把主要精力花在提升用户体验上,因为比起用户想要在手机上获得的Facebook体验,我们现在所能提供的还很基础。因此,比起花大量时间和精力去做一个Facebook的手机,我们更愿意把精力投入到Facebook和现有的操作系统(比如iOS)深度整合上,从而给用户更为流畅、人性化的体验。"

而在Facebook成立初期,维亚康姆的总裁汤姆·弗雷斯顿就曾试图用维亚康姆的一些优势来"诱惑"扎克伯格。弗雷斯说,维亚康姆可以帮助Facebook开发出许多新内容,增强其创新性,扎克伯格却对

此予以生硬的答复："Facebook 是一个公用事业，对那些东西不感兴趣。"扎克伯格的想法一直很简单——建立一个社交网络世界，他也一直只专注于此。

专注，一直是 Facebook 的宗旨之一。扎克伯格命令手下在公司内部贴上"保持专注 & 继续做黑客"的标语，提醒大家别因为一夜暴富就不努力工作了。

如果企业因专注而最终成为行业领先，更能为企业带来不可估量的收益。这种收益源自客户的信赖及品牌在客户心目中打下的烙印。专注可以使企业的每一次行动，每一个行为（无论成功或失败）都能成为一种资源，一种对未来发展有用的资源。

专注，看似平常的两个字，成就了不少成功的人和成功的企业。

许多科技公司的创始人都会把风投作为功成身退后的职业。但Facebook 的创始人兼 CEO 扎克伯格还没有显露出这种迹象。至于其中原因，可能是因为负责一个拥有 10 亿用户的社交网站需要耗费大量的精力。这点上，扎克伯格和乔布斯一样。乔布斯也是一个以专注力而闻名的人。在将皮克斯动画卖给迪士尼后，乔布斯更把所有精力都集中在了苹果上，苹果以 iPhone 崛起。

耐克公司 CEO 马克·帕克说自己在当上 CEO 后不久，与乔布斯通过一次电话。"您有没有什么建议可以给我？"帕克向乔布斯问道，"嗯，只有一条，"乔布斯说，"耐克的一些产品是世界上最棒的，能激起人们的购买欲望，但耐克也有许多糟糕的产品。我觉得你要做的就是砍掉那些没用的，把精力放在好的产品上。"帕克说乔布斯说完这番话后停了下来。帕克则用一阵笑声来避免冷场，可乔布斯却没有笑，他是很认真的。"他说的完全正确，"帕克说道，"我们必须去芜存精。"

实际上，促使你成功的不但有那些你能做到的事情，还有那些你选择不去做的事情。创新就是对一千条创意说"不"。在产品设计、商业战略，以及沟通和展示上，"去芜"往往能创造额外价值。

柳传志曾经讲过，联想做事情的前提有三个：没有好的商业模式

不做，有好的商业模式但没有钱不做，有好的商业模式有钱但没有合适的人去做的，也不做。联想的成功在很大程度上也是源于专注。马化腾也正是靠着这4个字铸就了腾讯的辉煌。

方文山曾经这样评价周杰伦，"音乐上的巨人，生活上的侏儒"。的确，当一个人的精力放在一处时，对其他的事情恐怕也就真的顾不上了。而同为音乐人的王力宏也一样。有一个经纪人讲过一个他和王力宏之间的故事：一次他去给王力宏送一笔钱，临走时把钱放了在冰箱上。过了几天后，他看到王力宏还是老样子，他看到自己拿来的钱还原封不动地放在那里——王力宏根本没有在意那笔钱，因为他只专注于心中的音乐和手里的琴。

我们生命中无关紧要的事情太多了，多到我们经常会忘了前一分钟还在我们脑子里嗡嗡回响的东西，多到我们已经很难记起那个曾经让我们热泪盈眶，被称之为梦想的东西。所以我们要时刻警惕烦琐杂事霸占了本该属于我们梦想的位置，警惕其干扰了我们的视线。我们要抓住自己生命中的鹅卵石，并专注于此。

扎克伯格的智慧

走向成功的方法其实很简单：选择一条道路并专注于此，砍掉其他所有的枝节，集中所有的资源和精力投入到一件事情当中。

不要在没价值的事情上浪费时间

一个伟大的创意就是一个好广告所要传达的东西；一个伟大的创意能改变大众文化；一个伟大的创意能转变我们的语言；一个伟大的创意能开创一项事业或挽救一家企业；一个伟大的创意能彻底改变世界。

创意对于个人发展和企业生存都有举足轻重的地位。人人都希望自己能够想出具有创意的点子，创造出新颖的玩意儿，可并非人人都能够如自己当初所设想的那样。有时候自己的创意真正落实到现实当中，并不可行。

创新工场创办人李开复曾说："创新不重要，有用的创新才重要。"所谓真正的创新不应只是一个好想法的实现，在商业社会中，能转化成生产力的创新、能获得经济利益的创新才是有效的，而且才能是长远的。因此我们在进行创新的时候，市场需要应该成为我们的重要参考系，要让消费者真正能使用你的创新。

Facebook 推出原生 iOS 应用，响应速度较之旧版有了大幅提升，一时之间引起了业界的广泛关注。不过人们关注的并不是因为原生应用本身有多好多快，而是扎克伯格那句"Facebook 的应用完全依赖 HTML5 是最大的错误"的言论。

2012 年 9 月 12 日凌晨，Facebook 联合创始人、CEO 马克·扎克伯格在 Tech Crunch Disrupt 大会上表示，对 Facebook 上市后股价走低确实感到失望，公司上市后需要关注股东价值，这（股价走低）或

许是 Facebook 创办以来遭遇的第一个挫折。但他强调，这也是一个机遇，市场低估了 Facebook 在移动领域的基本前景，越来越多的用户通过移动设备登录 Facebook，他看好移动广告的未来，公司会取得比桌面领域更加出色的盈利业绩。

移动问题是 Facebook 目前面临的最大挑战。扎克伯格透露，通过移动网页使用 Facebook 的用户数量超过了使用 iOS 和 Android 应用的用户数，但"移动网页并不是未来"。扎克伯格说公司最大的错误就是在 HTML5 技术上押注过大，在移动平台浪费了两年时间，但目前已经改变战略，着力于改善移动应用的用户体验。Facebook 上月发布了全新的苹果应用，"Android 应用很快就会发布"。

综合来说，扎克伯格放弃 HTML5 主要是基于以下四点的考量：

第一，工具/开发者 API。没有相应的工具对内存进行跟踪。

第二，网页滚屏效果。用户在浏览网页的时候，需要的是非常流畅的滚动效果，而基于 HTML5 的 Facebook 应用并没有做到这一点。Facebook 这次的改进针对网页滚动进行了提升。

第三，GPU。图片处理并不是 HTML5 擅长的地方。如果了解 HTML5 的就会发现，图片加载和处理当然是"不应该在现阶段使用 HTML5 实现的"。

第四，其他。HTML5 目前擅长的部分是数据量不大、动画少的页面，而这恰恰是 Facebook 注重的地方。相比之下，原生应用能够提供更好的触摸跟踪支持，更平滑的动画，更好的缓存。

做减法，别把自己的精力浪费在无惊叹的创意上。也许有时候你遇到的难题不是寻找到创意，而是在令人眼花缭乱的创意面前能否对机会——尤其是难得一遇的机会说不。扎克伯格正是做到了这一点，能在上市后的关键阶段，毫不犹豫地对 HTML5 说不，他知道不是 HTML5 技术不好，只是在现阶段的大范围平台不适合 Facebook 的发展，当下的 Facebook 更需要的是 iOS 应用，而不是 HTML5。

一个人要将所有的精力集中到一个点上，只用一个创意概念，这

也是所能做出的最大牺牲了。可谓最大的牺牲就是最大的获得，他所取得的成功也是惊人的。

德鲁克在《21世纪的管理挑战》一书中指出：创新的考验在于能否创造价值。也就是说创新并不仅仅是一个好的想法的实现，而是要结合经济环境、市场环境创造出使用价值。一项技术创新只是实验室的成功，可以是一次成功的理论探索，却并不一定是成功的商业行为。所以，作为员工在企业中进行创新，一定要清楚创新的根本目的是创造使用价值，进而产生经济效益。

比尔·盖茨说："如果你是一个真正的企业家，就会知道一个好的创意对一个企业的重要性。"技术上的创新并不必然带来价值上的创新，如何把创新从实验室带向市场才是最关键的。比尔·盖茨所带领的微软公司为我们树立了好的榜样。

创业初期，在Excel软件开发完毕的3月，微软公司包下国内中央公园附近的绿园餐厅，举行Excel软件的新闻发布会，比尔·盖茨邀请苹果总裁乔布斯参加，结果大获成功，引起轰动。5月，在亚特兰大康迪斯电脑大展上，Excel再次引起观众的热烈反响。这就是比尔·盖茨创意中的第一招。

比尔·盖茨的第二招就是新闻发布、演示会、现场培训、大造声势。

比尔·盖茨决定，10月1日，Excel同时进入全美电脑市场，他要求负责公关的汉森在广告宣传上造成轰动效应。除了采用维格尼尔他们在法国使用的训练经销商那一套外，还有新招。就是汉森、谢利、拉藤伯、布鲁门松一帮人搞出由比尔·盖茨审查的"先用对话，再用故事"这一新颖的对话广告模式，一下吸引住了人们的眼球。

事隔一年，比尔·盖茨再次为Excel展开宣传攻势。这次是易地而战，选择了电视台。这项活动名叫"新系统的灵魂"。于是，每晚10点，当全美各大城市的观众打开他们的电视，就看到这样的故事：

一家大公司的办公室里，一名公司主管告诉手下员工，原有的电子表格软件用起来有些麻烦，想换一下，不知哪种好。

一个员工立刻回答：买 Excel；另一个员工也说，Excel 不错。

但是主管说没听说过 Excel，他拿不定主意。这时下班时间到了，主管下班回家。

那两位员工下班后，偷偷把 Excel 安装在自己的电脑上试用。

第二天，主管来上班，抱了一大堆材料要这两位员工处理，他原以为起码得用一天，不料到中午，这两位员工就把活干完了。主管十分惊奇，问他们今天为什么这么快？"用上了 Excel！"两个员工齐声回答。主管立即决定："走！买 Excel。"

一时间，Excel 家喻户晓。"走！买 Excel"更成了大大小小的电脑迷的口头禅。借助广播、电视这一传播媒介，盖茨使自己的广告宣传带上了文化的色彩，一下子使 Excel 的影响跨出了电脑行业。美国不少的大公司，如联合航空、美国航空、波音、可口可乐等公司，就是在比尔·盖茨的宣传攻势下，接受了 Excel 的。

也许正如比尔·盖茨所说过的"许多使用个人电脑的用户，并不一定就对软件有多大兴趣，他们不一定关心软件业的发展，甚至个人电脑的发展，他们只满足于现成的东西"。那样，比尔·盖茨才把对 Excel 的宣传扩展到行业之外，采用了流行文化的传播方式。

翻开比尔·盖茨的发展史，你就不难发现这位世界头号富翁，既没有高大的厂房，也没有堆积如山的原料和产品库房，只有软盘和软盘中储存的知识。他就是依靠着软盘和软盘中的创意，在短短的 20 年里创造了神话般的奇迹，到 1997 年底，公司拥有资产 460 亿美元，其市场价值已超过美国三大汽车公司的总和。

创新是手段但不是目的，创新的成果只有应用于实践并产生实际的价值，创新才是有价值的，否则创新只是浮于表面的天马行空的想象，只能是对资源与时间的浪费。

所以我们在工作和生活中要大胆创新，但也要考虑创新的实用性

和产生的效益，要学会做减法，把有限的资源用在最能产生利益的地方。

扎克伯格的智慧

别把自己的精力浪费在无惊叹的创意上。也许有时候你遇到的难题不是寻找到创意，而是在令人眼花缭乱的创意面前能否对机会——尤其是难得一遇的机会说不。

最大限度地发挥自己的优势

周星驰刚开始从事演艺活动的时候，一直跑龙套，跑了差不多十年，都只是在扮演一些小角色。直到他被人发现最适合演痞痞的坏坏的、行为言谈不着边际却仍让人感觉亲切可爱、更能让人捧腹大笑的角色，于是他将这个优势发挥到了极致，才有后来那么多经典搞笑的电影，"星爷"也因此走红。通过做减法，专注喜剧，"星爷"获得了成功。

身为汉庭老板的季琦，在 10 年的创业生涯中经历了很多。在汉庭刚刚开始的时候，有一家房地产公司改制缺资金，只要 5000 万元就能拿到 50％ 的股份，几年后大概可以赚到几个亿。虽然当时看清楚了那是个大赚一笔的机会，但他还是拒绝了朋友的邀请，专注于自己的酒店事业，最终成为中国经济型酒店的老大。

做自己擅长的事，赚自己能赚的钱。合适的定位，使周星驰和季琦发现了自身价值，并使之最大化地体现，进而获得今天的成就。内心的喜好是推动事业进步的最大动力，它能帮你克服困难，坚持到底。如果你喜欢的事情有很多，要挑选自己最擅长做的事，这样就能在感受快乐的同时取得超乎常人的成就。

扎克伯格就是因为选择了一条自己擅长的道路，因而才能够在科技领域游刃有余。

扎克伯格有着对兴趣与爱好的偏执追求。从 Synapse 到 Facemash，再到 Facebook，他对技术的执着令人印象深刻。他代表了典型

的技术至上主义，甚至为此屡屡放弃巨额收购。

可以确定，扎克伯格连续创业成功，是拜不间断的灵感与强大的创造力所赐。但同时更应该看到，扎克伯格的用人识人能力也是Facebook能够取得今天成绩的一个重要保障。扎克伯格非常清楚自己的专长与不足，所以在创业初期就请萨瓦林加入，一同创业。在当时，萨瓦林确实是扎克伯格所能接触到的最合适的合伙人，他在Facebook早期的作用与扎克伯格的眼光一样重要。退一步讲，扎克伯格需要他这样一个精明人打理日常事务。

随着Facebook的壮大，扎克伯格也在不断成长。除了对产品有极强的敏锐力与把控力、有极强的执行推动能力以外，扎克伯格在选人用人上的果断决绝作风也是他成功的关键。他曾说："我一直专注于做好一两件事情。一是为公司和我们已取得的成绩制定发展方向。另一件事是组建最好的团队……我觉得作为一家公司，如果你能将这两件事情做好，即为现有业务制定明确的发展方向，并引进那些能够良好执行此类事务的团队，那你就能做得很好。"

现在在Facebook网站，创始人马克·扎克伯格的专长还是主要集中在技术方面，而仅次于扎克伯格的二号人物雪莉·桑德博格则是营销和管理方面的天才。

2012年6月26日，Facebook宣布，该公司首席运营官雪莉·桑德博格已正式加入公司董事会，成为公司董事会第一名女性成员。据悉，桑德博格负责管理Facebook的各项业务运营，其中包括销售、营销、业务发展、法律事务、人力资源、公共政策以及通信等。正是在她的领导下，Facebook网站的用户数量急剧上升，营业利润也大幅增加。

通过从Google挖角桑德博格，Facebook逐渐形成了一种轻松稳定的工作氛围。通过对工作的简化，扎克伯格也能够腾出手关注公司对网站的技术改进。身边的众多"武林高手"，为扎克伯格分担了很大的工作量，也使他们能够在各自擅长的领域有所侧重，在合力的作用

下共同带动 Facebook 这驾马车，加快速度向前冲。

几乎每一次在被问及成功秘诀的时候，李彦宏都会说："做自己最喜欢的，做自己最擅长的。"只有擅长的事情，才能做得比别人好，只有这个事情是自己喜欢的，才有可能在碰到强大的对手的时候，仍然能坚持，在极其困难的情况下，不会沮丧，不会有击败感，仍然不会放弃；在有非常大的诱惑的条件下，仍然会坚持，全身心地去享受整个过程。选择了最擅长的，你才会在你最有优势的领域打造出自己的核心竞争力。

"认识自己"作为象征世间最高智慧的阿波罗神谕，被镌刻在古希腊阿波罗神殿的石柱上。不巧的是，"认识自己"很难。当然，你还年轻，没必要立即通过"我们从哪儿来，到哪儿去"的思索来认识自己。你需要做的，就是发现自己所擅长的，而且，发现得越早，就越有可能避开弯路。

史玉柱让人难以忘记是因为巨人集团的崛起和没落。史玉柱从一个深大软件科学管理系研究生白手起家，创造了辉煌的巨人集团，到巨人大厦的低级错误，现在又戏剧性地激起健康产业营销神话的涟漪，史玉柱的大起大落简直让人目不暇接。

1993、1994 年，全国兴起房地产和生物保健品热，为寻找新的产业支柱，巨人集团开始迈向多元化经营之路——计算机、生物工程和房地产。在 1993 年开始的生物工程刚刚打开局面但尚未巩固的情况下，巨人集团毅然向房地产这一完全陌生的领域发起了进军。

巨人管理的失误突出表现在财务管理上。

1996 年巨人大厦资金告急，史玉柱决定将保健品方面的全部资金调往巨人大厦，保健品业务因资金"抽血"过量，再加上管理不善，迅速盛极而衰。巨人集团财务运作日益窘迫，营销状况衰势尽现，员工士气不振。在整体状态疲弱的情况下，公司财务管理陷于混乱。巨人集团危机四伏。脑黄金的销售额达到过 5.6 亿元，但烂账有 3 亿多

元。不久，只完成了相当于三层楼高的首层大堂的巨人大厦停工，直到现在。随着"巨人倒下"，负债2.5亿元的史玉柱黯然离开广东。

摔倒再爬起来，史玉柱从自己最擅长的营销开始，重新打开局面。

1998年，山穷水尽的史玉柱找朋友借了50万元，开始运作脑白金。史玉柱敏感地意识到赠送保健品其实大有名堂，他因势利导，后来推出了家喻户晓的广告"今年过节不收礼，收礼只收脑白金"——这则广告无疑已经成了中国广告史上的一个传奇。

2001年，黄金搭档上市，史玉柱为它准备的广告词几乎和脑白金的一样俗气——"黄金搭档送长辈，腰好腿好精神好；黄金搭档送女士，细腻红润有光泽；黄金搭档送孩子，个子长高学习好。"在史玉柱纯熟的广告策略和成熟的通路推动下，黄金搭档很快走红全国市场。

从保健品到银行投资再进入网游业，巨人归来，一心只做自己擅长的东西。如今史玉柱已经拥有上百亿身家，10年里被束之高阁的"巨人"品牌，又被重新召唤回来。

"巨人的失败是一个遗憾，这种经历是刻骨铭心的。巨人大厦的资金不足是一个因素，但最要命的是我们的管理不善导致了今天的结果。"史玉柱接受采访的时候经常将这句话挂在嘴边。重新来过的巨人史玉柱，吸取前车之鉴，不再什么赚钱干什么，而是从自己擅长的营销着手，为自己的产品打开局面。从脑白金到黄金搭档，再到现在火热的《征途》游戏，史玉柱都显示出自己的强大"广告轰炸"实力。

事情证明，一个人只有简化、专注做自己擅长的事情才会有成绩。

或许你不擅长数学，那么可能你文采很棒；或许你不擅长背诵，那么可能你篮球打得很出色；或许你不善言谈，那么可能你有着超人的想象力。一个木板做成的水桶，木板必然有长有短，人们总是用最短的那一块来衡量水桶的盛水量。

曾国藩曾说："世上没有庸才，只有放错了岗位的人才。"从根本

上讲，别人无法把你束缚在错误的位置上，能这样做的，只有你自己。你即将从事的工作，是不是你最喜欢并且擅长的事情，将决定你能在多大程度上做出完美的职业规划和人生规划，以及在多大程度上接近成功。在进行人生选择的时候，不妨选择你所擅长的领域或方向进行。

扎克伯格的智慧

内心的喜好是推动事业进步的最大动力，它能帮你克服困难，坚持到底；如果你喜欢的事情有很多，要挑选自己最擅长做的事，这样就能在感受快乐的同时取得超乎常人的成就。

忠告四：

有梦想就有奇迹

明确的目标给人前进的动力

给自己一个承诺

兴趣是最好的老师

过程固然美丽，结果更重要

做自己想做的事

明确的目标给人前进的动力

德国诗人、戏剧家歌德曾经如是说："人生重要的事情就是确定一个伟大的目标，并决心实现它。"

确定明确的人生目标，不论是对人生，还是对任何的行动，都是至关重要的。

人只要有梦想、有目标，自然就会为了实现它而发挥更大的力量，人生的光辉由此可见。为什么呢？在为实现理想而奋斗的过程中，生活就会更加富有意义，此时人类潜在的脑力也会得到发挥。经常有意识地创造出这样的情势，使人生更成功、更丰富且充满乐趣，就是所谓的目标催化作用。

扎克伯格对目标的看法可谓独到，2005 年 10 月 26 日，作为 Facebook 创始人的他在斯坦福大学发表公开演讲时说："我要做很多类似的决定，而且要靠直觉判断。我一直努力以最学术的态度去谨慎思考不同方式所能产生的不同结果，但多数时候，你必须先确定目标，知道你要什么，然后为了更好地实现这一目标而努力。"

亚历山大大帝率军杀伐到了中亚的巴克特里亚和索格狄亚那——离马其顿王国足有 2000 公里的地方，他手下的大军已经疲惫不堪，并随时可能遭到波斯游击队的偷袭。亚历山大却透露出一个野心勃勃的计划，那就是征服世界。

在亚历山大死去 2000 多年后，一个年轻人复制了他当年的奇迹：一头卷发的马克·扎克伯格在互联网上创造了一个新社会，他同样也

是 28 岁，并且没有人知道他将何时停下来。

　　扎克伯格的野心比我们想象的要大许多。在他的心中，Facebook
应该是一棵长青之树，而非昙花一现，在致投资者的一封公开信中，
扎克伯格这样写道："它的诞生，是为了践行一种社会使命：让世界更
加开放，更加紧密相连；我们希望巩固人与人之间的联系；我们希望
改善人们与企业和经济体系的联系；我们希望改变人们与政府和社会
机构的联系。"

　　他正在像年轻时梦想成为的亚历山大那样，一步步地征服全世
界。

　　梦想的力量是伟大的，它能创造出令人难以想象的奇迹。扎克
伯格为了实现自己的梦想，创立了社交网站 Facebook。而真正引领
Facebook 一步步从蹒跚学步的小孩儿成长为社交网络界中的"蓝巨
人"，使扎克伯格实现自己梦想的，还在于他个人目标和企业目标的
制订。

　　通过制订目标，扎克伯格能够更加清楚地知道自己现在处于梦想
道路上的哪个位置，距离自己的终极目标还有多远的距离，自己在哪
些方面仍旧需要努力，等等，从而使他具有继续努力下去的动力和
方向。

　　设定明确的目标，是所有成就的出发点。很多人之所以失败，就
在于他们都没有设定明确的目标，并且也从来没有踏出他们的第一步。

　　1952 年的《生活》杂志曾登载了约翰·戈德的故事。

　　戈德 15 岁时，偶然听到年迈的祖母非常感慨地说："如果我年轻
时能多尝试一些事情就好了。"

　　听到祖母的一席话后，戈德受到了很大的震动，决心自己绝对不
能像老祖母一样到老了还有无法挽回的遗憾。于是，他立刻坐下来，
详细地列出了自己这一生要做的事情，并称之为"约翰·戈德的梦想
清单"。他总共写下了 127 项详细明确的目标，里面包括 10 条想要探

险的河流、17 座想要征服的高山，走遍世界上每一个国家，要读完《圣经》，读完柏拉图、亚里士多德、狄更斯、莎士比亚等十多位大学问家的经典著作，还想学开飞机、学骑马。他还要乘坐潜艇、弹钢琴、读完《大英百科全书》。当然，还有重要的一项，那就是他还要结婚生子。

戈德每天都要看几次这份"梦想清单"，他把整个单子牢牢记在心里，并且倒背如流。这些目标，即使在半个多世纪后的今天来看，仍然是壮丽且不可企及的。那他究竟完成得怎么样呢？

在戈德去世的时候，他已环游世界 4 次，实现了 127 个目标中的 103 个。他以一生设想并且完成的目标，述说了他人生的精彩和成就，并且照亮了这个世界。

源于自己设定的 127 项目标的督促，戈德在 15 岁之后完成了完全不同的人生之路，相比于祖母的经历，他要过得充实得多。

对于青少年的你来说，过去或现在是什么样的并不重要，而你将来想要获得什么成就才是最重要的。你必须对你的未来怀有远大的理想，否则你就不会做成什么大事，说不定还会一事无成。

威廉姆·玛斯特恩，一位非常杰出的心理学家曾经向 3000 人问过同样的问题："你为什么而活着？"结果 94％的人说他们没有明确的生活目标。在生活中，大多数人属于这 94％。不能抱持正确目标而奋斗的人，就如玩耍得意志消沉的儿童一样，他们不知道自己所要的是什么，总是茫然地噘着嘴。他们就像地球上的蚂蚁，看起来很努力，总是不断地在爬，然而永远找不到终点，找不到目的地。同样，在生活中没有目标，活动没有焦点，也会使你白费力气，得不到任何成就与满足。

许多人过着如梭罗所说的"宁静的绝望生活"，他们忍耐，等待，彷徨于生活的真谛，期望他们的人生目标在某个神灵的激发下瞬间降临。同时，他们只是生存着，重复着生活的机械动作，他们从未感受过生命的闪光。他们看着自己的生命之光迅速飞逝，变得越来越恐惧，

害怕自己还没有体会到任何真正的喜悦和生命的内涵，就走到了人生尽头。

渴望通过自己的奋斗走向成功的你，不能回避目标定位的课题。人，确实需要一个高度，一个超越自我的高度，一个追寻真理的高度。人，应该为自己的一生确立一个目标，一个矢志以求、不达目的誓不罢休的目标。

让我们为自己寻找一个梦想，树立一个目标吧，让梦想走得更踏实些！

扎克伯格的智慧

确定明确的人生目标，不论是对人生，还是对任何行动，都是至关重要的。大多数时候，我们必须先确定目标，知道你要什么，然后为了更好地实现这一目标而努力。

给自己一个承诺

梦想是石，敲出星星之火；梦想是灯，照亮夜行的路。

梦想是火，点燃熄灭的灯；梦想是路，引你走向黎明。

梦想是美好的，她常常令人激动，令人心驰神往……因为，梦想是对生活的主动选择，是对人生的完美规划。

人生因为梦想而伟大，人生因为梦想而精彩。人不单是靠吃饭活着的，每个人都有自己内在的精神追求，而梦想则是追求的具体化和理想化。当我们来到这个世界上时，灵魂上就刻下了"人人生来平等"的理念。因此每个人都有做梦的权利。在现实的冲击之下，梦想是心灵的安慰，使漫漫人生路多了一分光明。

失去乔布斯，在美国 IT 行业又出现了一个神话般的梦想家——他就是马克·扎克伯格。他和他所创造的 Facebook 神话开始被人们所熟知，我们开始为他的名字而兴奋和激动，也开始萌发着自己对梦想跃跃欲试的冲动。

2010 年 10 月，一部以马克·扎克伯格为原型，名为《社交网络》的电影席卷美国。在电影中，对古罗马帝国的缔造者怀有深深尊敬的扎克伯格被描述成一个琢磨不透的人物，正在试图从另一个领域构建自己的"罗马帝国"。人们依稀记得，在 2004 年，他曾为了让自己与游戏中的恺撒大帝一决高下，在哈佛编写了一款以古罗马帝国为背景的游戏。直至 Facebook 面世，他心中的那个"皇帝梦"才在众人的眼中渐渐清晰。

到了 2012 年上市的时候，这家社交网站已经超过 1000 亿美元的估值，一个帝国的雏形已然形成。就他个人而言，人们戏称，"按年龄算，扎克伯格将是这个星球上最富有的人"。按照 28.4% 的持股比例和 Facebook 千亿美元的市值，27 岁的扎克伯格身价高达 284 亿美元，足以跻身全美十大富豪的第六位，超过了鼎鼎大名的乔治·索罗斯和沃尔玛的继承人，在 IT 业富豪中仅次于微软的前总裁比尔·盖茨和甲骨文的拉里·埃里森。从年龄来看，他将更加出色。在全球财富榜前 100 名中，只有谷歌的创始人拉里·佩奇和谢尔盖·布林年纪在 40 岁以内。而若是按 25 岁时的财富计算，扎克伯格和乔布斯击败了世界上最有钱的人比尔·盖茨，尽管如今比尔·盖茨财富已高达 590 亿美元。在 1985 年微软上市时，比尔·盖茨拥有 3.5 亿美元的财富，扣除通胀因素，相当于现在的 6.86 亿美元。可惜那时他已经 30 岁了，往前推 5 年，他的财富要少得多。

这家公司被形象地翻译成 Facebook，像使用它的每一个人一样，扎克伯格也在 Facebook 上拥有自己的主页。在上面，他这样写道："我只想让这个世界变得更加开放。"

就在人们好奇甚至怀疑，凭什么这个名叫扎克伯格的人年纪轻轻就取得如此高的成就，凭什么是他而不是我拥有上亿美元的收入时，这个怀抱梦想名叫扎克伯格的人又继续在为自己的梦想奋斗努力了。

正如一句广告语所说的："心有多大，舞台就有多大。"我们要有远大的梦想，这样才能在日后成为指引人生的灯塔。人生需要不断地往前走，才能越来越精彩。立志登上月球的人一定要比立志登上山峰的人走得更远。我们不一定要登上月球，但需要这个梦想作为方向指引。不然，就会在成长道路上迷茫、停滞不前，甚至走上岔道。

巴菲特 7 岁时，发了一场奇怪的高烧，住进了医院，医生最后不得不切除了他的盲肠。他的身体十分虚弱，就连爸爸端来他最爱喝的面汤时，他也一口都不吃。医生们都担心他的小命难保了。但是，一

个人待着的时候，巴菲特就会拿起一支铅笔在纸上写上很多数字。当护士问他这些数字代表什么意思的时候，他说：这些数字代表着我未来的财富。小巴菲特郑重其事地说："虽然现在我没什么钱，但是总有一天我会成为一个大富翁，我也会成为报纸追踪的焦点人物。"医生都认为 7 岁的巴菲特生命垂危，但他从财富的梦想中找到了生命的希望。

小孩子都会有许多愿望，但大部分小孩并不是认真的，而巴菲特想成为大富翁的愿望却是认真的，而且非常认真。

1942 年夏天，12 岁的巴菲特住在爷爷家里，他经常会到爸爸的合伙人福尔克先生家里吃午饭。在福尔克太太准备午饭时，巴菲特就会从书房里找一本投资方面的书来看。有一次，当巴菲特正津津有味地吃着福尔克太太做的鸡汤面时，他突然郑重其事地说："我要在 30 岁之前成为百万富翁，如果成不了，我就从奥马哈最高的楼上跳下去。"福尔克太太一听吓坏了，赶紧说："你这个小孩子，千万不要再这么胡说了。"巴菲特看着福尔克太太呵呵笑出声来。

结果他不但活了下来，也真的成了大富翁。

巴菲特之所以能够通过投资成为世界富豪，一个关键原因在于，他从小就有着强烈的发财梦想："我一直坚信我会成为富翁，对于这一点，我从来没有怀疑过。"巴菲特的财富梦想，为他点燃了人生奋斗的希望，使他能够在生命垂危的时候仍然不放弃，因而能够渡过危险。在日后的日子里，不断为自己的梦想努力。小小的儿时梦想，最终成长为人生现实。

可能很多人认为：梦想嘛，就是梦一梦，想一想，干吗要当真？这样想就不对了。大家可能感觉到青春将会消逝，但可能没有感觉到青春已在消逝。那些美丽的梦不能只是你幻想中的城堡，必须一砖一瓦地堆砌。梦想的确是需要去梦、去想，但别忘了，我们是充满朝气、激情洋溢、踌躇满志的青少年！

一个人不敢大胆地去想，就无法找到行动的方向，无法获得行动的动力。首先是"想不想要"，其次才是"能不能得到"。想要的未必就一定能得到，但连想都不敢想，就肯定做不到，也得不到。拿破仑就曾经说出"不想当将军的士兵不是好士兵"的豪言壮语，梦想成为将军的他终于得以统率千军万马，驰骋疆场。

如果你想成功，那么你就必须有向往成功的梦想；如果你想富有，那么你就必须有成为富翁的梦想。只有具有梦想才能推动我们前进的野心，坚定地克服困难，坚强地走出低谷，积极寻求最优的前进方式。

我们不能没有梦，有梦的日子我们的生活才充满阳光，充满希望。你是否有梦呢？

扎克伯格的智慧

人生因为梦想而伟大，人生因为梦想而精彩。我们要有远大的梦想，这个梦想将在日后成为指引我们人生的灯塔。

兴趣是最好的老师

兴趣能让人执着。齐白石早年喜欢篆刻，凭着对篆刻艺术的兴趣，他不分昼夜地练习，终于磨光了三担石头，自己的篆刻技术也令人折服。事实证明，只有对一件事产生了兴趣，才能不断做下去，直到完美。爱因斯坦说过："兴趣是最好的老师。"兴趣在人的成长过程中的作用，是任何外人、任何书籍都不能给予的。

兴趣引导人们探索。什么能让我们产生好奇心？只有兴趣才能做到这一点。牛顿凭着对物理的兴趣，不断研究，得出了著名的牛顿定律；海伦·凯勒凭着对语言的兴趣，在黑暗和无声中学会了多种语言文字；霍金凭着对世界的兴趣，在轮椅上写出了长篇著作。一切科学的发展，对世界认识的进步，都源于发现者的兴趣。

兴趣能让人感到苦中有乐。明代宋濂幼时家贫，但对读书和知识有着浓厚的兴趣，向别人借书、抄书，去几百里以外的地方请教老师。这种条件确实很艰苦，但他说："以中有足乐者，不知口体之奉不若人也。"这大概就是兴趣的作用吧！在苦中却有无穷的乐趣，相信一定会苦尽甘来。

兴趣在哪里，成功就在哪里。按照自己的兴趣去设定事业目标，更容易调动自身的积极性，也更容易把自己各方面的优势发挥到极致；选择自己喜爱的事，即使在事业的道路上尝尽了艰辛，也会感到兴致勃勃，心情愉快；做自己喜欢的事，更容易坚持到底，直到实现预定的目标；一旦达到目标，喜爱的事业带来的成功幸福感会更加强烈。正因为如此，一个在自己感兴趣的领域里奋斗的人，总要比一个在自己不痛不痒的行业中挣扎的人，距离成功要近一些。

出生于 1984 年的扎克伯格，在 2012 年以 84 亿美元的身家登上了福布斯排行榜，成为全球最年轻的巨富之一。当人们询问他成功的秘诀时，扎克伯格轻描淡写："我只是做我自己喜欢的事。"

小学的时候，他就被辅导电脑功课的老师表扬是电脑天才。高中时代，他创作了名为 Synapse Media Player 的音乐程序，并且借由人工智能来模拟用户听音乐的习惯，贴到 Slashdot 上后，这一程序被 PC Magazine 评价为三颗星（最多五颗）。

1992 年 SNSnet 的成立，标志着互联网商业化的开始。1995 年是互联网在美国快速发展的时期。当时的默西学院研究生计算机课程以网络代码编写、建立数据库、服务器架设等方面的课程最为热门。扎克伯格在这里学到了他最想要的知识，就是建立一个人们在电脑面前互相沟通的可能。这也是马克·扎克伯格注定与乔布斯、比尔·盖茨那一代人所不同的地方。如果说乔布斯创造了最酷的硬件——苹果，比尔·盖茨创造了最棒的软件——Windows，那么，马克·扎克伯格则注定要成为 Internet 网上冲浪的时代弄潮儿。

在默西学院学习不久之后，扎克伯格发现了一个可以让自己大展拳脚的机会。马克的父亲爱德华一直想改善接待员通报病人的方式，因为接待员往往拿起电话来只喊一句"来病人了"，就算交差了事。于是扎克伯格经过近一个月的认真研究，开发了一款软件，它让家里和办公室的电脑可以互通消息。只要有病人来，接待员就可以通过办公室的电脑给爱德华在家中的电脑发送讯息，不仅仅是病人的名字，还包括他在接待处登记的简单病情信息。这款程序被扎克伯格命名为 ZuckNet，也就是"扎克家的网络"——这就是 Facebook 的前身。

是的，扎克伯格只是爱好电脑，那是他的兴趣所在，他只做自己喜欢的事。和盖茨一样，扎克伯格凭借着天赋和努力成为哈佛大学的学生，是无数青年羡慕的对象。但当他发现比起哈佛大学的一纸毕业证书，自己更加希望在感兴趣的领域做出更加深入的研究时，扎克伯

格毫不犹豫地做出了选择。为了专心研究他的 Facebook，进入哈佛大学的扎克伯格毅然退学了。

事实上，大凡成功的人都有一个共同的特点：他们所从事的领域都是自己的兴趣所在。罗素说："我之所爱为我天职。""欧元之父"蒙代尔也把兴趣列为选择职业的第一标准。

兴趣就像是一粒迫切等待长大的种子，对一个人的成功至关重要。这不仅在于它为一个人提供了一个方向，还在于它能最大限度地激发人的潜力，不断拥有成功者应该具备的素质。心理学研究也表明：一个人做他感兴趣的事，可以发挥智力潜能的 80％以上；而做不感兴趣的事情，则只能发挥智力潜能的 20％左右。李开复认为，兴趣可以最大化生产力和影响力，兴趣驱动的工作会带来渴望、意志、专注、自信和正面态度，并最终带来成功。

谁是丁利生？知道他的人很少，而他曾拥有过或正拥有着的头衔——曾经的惠普全球副总裁、现任联想集团独立董事、台扬科技股份有限公司独立董事、美国百人会成员等却足以说明他不凡的经历。

1965 年，丁利生以一个电气工程师的身份进入了当时规模还很小的一家美国公司——惠普。但丁利生并没有在这个大家庭里安于做一个工程师。大学时期就对管理萌发了兴趣的丁利生决心变换角色，他从电气工程师的角色转行做起了销售。"我想，只有做最喜欢的事情，你才会希望做得更好一些。"他说。

惠普公司提供给丁利生一个他热切期望的机会，让他成为进军亚洲市场的开路先锋，丁利生成了远东地区总经理。1993 年，丁利生被任命为惠普亚太区主席兼行政总裁。1995 年，他被推选为全球副总裁，负责惠普美国以外地区的所有业务，成为惠普职位最高的华人，事业的成功也使他因此成为美国百人会的成员之一，这个组织里的成员都是美国各界最杰出的华人。

2000 年，在惠普工作了 35 年、已经 58 岁的丁利生决定提前退

休，他受邀加入了一家投资银行，担任总经理一职，开始了事业的第二次新生。"兴趣是决定我做事情的主要原因。"丁利生说自己一直对风险投资很感兴趣，尽管这对于他来说是一个全新的领域。

像扎克伯格或者爱因斯坦这样的天才毕竟是少数，可是你一定在某一处有着得心应手的感觉。像丁利生这样依靠兴趣决定自己未来的职业走向或者发展道路，也是不错的选择。

"兴趣是最好的老师。"兴趣所在，人们往往愿意投入更多的精力，甚至废寝忘食，无形中缩短自己和天才之间的差距，拉近自己和成功之间的距离。假如你是天生的射手，为什么要选择大刀作为你的武器呢？要学会利用自己的长处，得心应手地走入社会。

一个人的兴趣需要慢慢发掘，要有意识地去发现自己的兴趣点，尽量尝试以此为基础确定自己的梦想，做自己擅长的事。不妨时时问一下自己的内心热爱什么、想要什么，并将二者结合起来。这样，就离成功更近了一步。顺着自己的兴趣，你可能会发现成功并不像想象的那么遥远。

那么，怎样确定一个领域是不是自己的兴趣和天赋所在呢？可以问自己这样几个问题：对于某件事，你是否十分渴望重复它，是否能愉快地、成功地完成它？你过去是不是一直向往它？是否总能很快地学习它？它是否总能让你满足？你是否由衷地从心里（而不只是从脑海里）喜爱它？你的人生中最快乐的事情是不是和它有关？当你这样问自己时，注意不要把你父母的期望、社会的价值观和朋友的影响融入你的答案。如果答案是肯定的，那么，恭喜你找到了！

扎克伯格的智慧

我们很难在自己完全不感兴趣的领域里取得成绩，却更加容易专注于自己感兴趣的领域和挑战。要找准兴趣所在，不抛弃、不放弃，一步一个脚印地走下去，终会取得成功。

过程固然美丽，结果更重要

梦想成就未来，但又不等同于未来。只有实现梦想，才能践行对自己和未来的承诺，成就人生的辉煌。正是因为梦想的指引，我们才不辞辛劳地工作；正是因为期待梦想成为现实，我们才会无所畏惧地执着于自己的工作。

不考虑结果的梦想多半是没有意义的，就像在跑步比赛中，一个不知方向，不知比赛规则的选手跑得再快又有什么用呢？其结果不外乎有两个，一个是犯规被罚出场，另一个就是累死在奔跑的路上，他不知他要跑到哪个地方。我们身边就有这样的人，每天见到他，他都嚷着忙得不可开交。有他在公司，仿佛公司都热闹许多，风风火火，忙里忙外，可到年终绩效考核却发现他的成绩最差，连自己的本职工作都没有完成。

成功的人从来都清楚地知道自己想要什么，从来不会将时间和精力浪费在一些毫无意义的事情上面。结果催促着每一个渴望成功的人在自己的道路上不停寻求到达目的地的最短最安全的路线，我们要懂得重视最终的结果。

Facebook 创办 8 年来，扎克伯格对业务成长的追求始终超过对利润的追求。他渴望实现真正的开放和公平，他要将 Facebook 打造成社交网络的乌托邦，而非简简单单的一家公司，也正因为这种理想主义，他在不断追逐的过程中从来没有感到过真正的满足。因为，他要的是达成"使世界更加开放"这个结果，而不是优哉游哉地享受过程。

早在 Facebook 成立之初，扎克伯格就清醒地意识到，社交网络的焦点会在一个最大最有效的交流平台上固定下来，谁拥有最固定忠实的用户群体，谁就能独占整个社交网络市场。因为任何一个互联网用户都不愿意在多个社交网站多次地注册，填写自己复杂的个人信息，并在几个网站上同时保持和好友的交流。人们往往愿意加入使用用户最多的交流工具，以便进行最有效的交流。因此，年轻的马克·扎克伯格早早就确定了他的目标：要超越全世界各种形式的社交网站，最大限度地赢取用户，不仅仅为美国，更要为全世界创造一个便捷的社交工具。

可以说，Facebook 自成立以来就带有强烈的社会使命——让这个世界更为开放、相互联系。它的一切活动都支持这个最终的使命，无一例外。

梦想终究伟大，但是能够让人们由衷赞叹梦想伟大，而且心存敬佩之心的，还是像扎克伯格这样能够把最后的结果亮出来的人。农民在土地上忙碌一年就是为了收获果实，一个不为收获果实的忙碌会变得没有任何意义，而一个好的结果将让这过程美丽许多，更让人留恋，更让人感到欣慰，才能让人更深地体会结果的重要性。

一个人正常的行为逻辑是：先设定一个梦想，再根据梦想制定一个目标，然后再付诸实践——这就是过程，最后达成目标——便是最后的结果。显而易见，这个结果恰恰就是最初的目标。目标是人的行为的起点，也是一个人取得成功的起点，那最终回归到目标的结果有多重要可想而知：不注重结果，实现梦想的过程就毫无意义。

现实生活中，存在很多这样的例子。"重在参与"，"享受过程，结果不是最重要的"……诸如此类的口号天天响在我们耳边，但换一个角度讲，不要结果，你干吗来了？没有目的，你究竟知不知道自己在做什么？不为秋天的好收成，你种田干什么？

1928年，乔·吉拉德出生于美国密歇根州底特律市东郊的一个贫民窟，他居住的地方离他少年时期的偶像乔·刘易斯家只有一英里，当乔·刘易斯成为世界拳王时，乔·吉拉德只是一名挣扎在贫困沼泽里的穷苦少年。

35岁，正是准备攻上人生山巅的时候，乔·吉拉德却跌落到最幽暗的人生谷底，"在我人生的前35个年头，我自认是全世界最糟糕的失败者！"走投无路时，乔·吉拉德向朋友求得汽车销售员的工作，上班第一天他积极卖出第一辆车给一位可口可乐销售员，而能向老板预支薪水。但是即便出身不好，生活窘迫，吉·拉德始终有自信，他相信自己能够成为最伟大的销售员，通过自己的双手改变家庭状况。

没有人脉的乔·吉拉德，最初靠着一部电话、一支笔，和顺手撕下来的四页电话簿作为客户名单拓展客源，只要有人接电话，他就记录下对方的职业、嗜好、买车需求等生活细节，虽吃了不少闭门羹，但多少有些收获。曾有人在电话中用半年后才想买车的理由打发他，半年后，乔·吉拉德便提前打电话给这位客户。他靠着掌握客户未来需求、紧迫盯人的黏人功夫，促成了不少生意。

如果是连续多年都是每天卖出一辆汽车呢？您肯定会说：不可能，没人做得到。可是，世界上就有人做得到，乔·吉拉德在12年的汽车推销生涯中总共卖出了13000辆汽车，平均每天销售6辆，而且全部是一对一销售给个人的。他也因此创造了吉尼斯汽车销售的世界纪录，同时获得了"世界上最伟大的推销员"的称号。

双手改变命运，通过自己的努力，乔·吉拉德成功地将自己的命运掌握在自己手中，美好的"世界上最伟大的销售员"称号成为对他最好的奖励。

在公司，有些员工从来都不知道自己究竟要做到哪一步，向哪个方向发展。这样的员工就是因为他不知道自己忙的目的是什么，需要完成哪些工作，为实现哪些目标而忙，他只忙于那忙碌的过程，似乎

只要忙就是在工作，却不知这样的忙，是没有意义的。

联想集团有个很有名的理念："不重过程重结果，不重苦劳重功劳。"也许还有很多人对这个理念难以认同，主要是在感情上难以接受，因为在我们的传统观念中，评价一个人的好坏常常用是否"任劳任怨""刻苦努力"来做标准，而很少去过问这个人为单位创造了怎样的价值，能否把一个好的结果带给单位。源于这些思想的泛滥，才出现了形式多样的表面工程——表面上志存高远，心怀伟大的梦想，但并没有一个好的结果，所做的大部分努力都成了无用功。

其实人的一生不过是从光阴长河中借来的一段时光，岁月流淌过去，我们行走在过程当中，我们自己也就把这段生命镌刻成了一个样子，这就是人生的结果，它成为我们的不朽，成为我们的墓志铭。

我们一定要抛开"重在参与""享受过程"的思想，在实现梦想的旅途当中不时地审视自己的目标，关注最终的结果。只有这样，你才会孜孜不倦地寻求距离结果最近的道路，才会慎重地辨别所选择的方式是否合法合理，是否影响你最终的收获，才能使生命中的每一分每一秒都过得有意义，成就你未来的辉煌。

扎克伯格的智慧

结果比过程更重要，没有结果的过程是毫无意义的，只不过是对生命不负责任的浪费而已。我们更要注重最终的结果。

做自己想做的事

最好的人生一定是沿着自己决定的方向不断前进的。人生最大的悲剧，就是从来没有按照自己的想法活过。当一个人在别人的建议和反对声中心不甘情不愿地选择了前进的方向时，就会萎靡不振，也没有足够的激情和坚定的信念来保证一切顺利进行下去。

因此，我们不能为别人的意见和抗议所改变。只有坚持住自己选择的道路，自己喜欢的方向，才能发掘出我们最大的潜力。我们才能有信心和力量去走完剩下的路，才能有勇气和毅力去渡过所有的困境。

扎克伯格和他的 Facebook 能走到今天，最重要的，还是他始终顺从自己的心意，坚持了自己的决定，而不是一味按照别人的路走。

Facebook 发展起来之后，扎克伯格决定让高中学生加入到 Facebook 中来，他认识到，此时美国一半以上的大学都已经加入了 Facebook，注册用户马上就要突破 500 万，如果不向高中开放，那么过不了多久 Facebook 就会面临增长的瓶颈，到时候再想改只怕就晚了。但是马特·科勒等人都对此持保留意见，泰尔和布雷耶这两个股东则极力反对。

董事会担心 Facebook 向高中生开放，会失去它本身的特点。到时候如果没有新增多少，反倒失去了原有的大学生的支持，那么 Facebook 将彻底退出社交网络的领域。但扎克伯格认为，现在的高中生有一天会变成大学生，而现在的大学用户有一天会毕业离开大学。事物是发展的，这就是最简单的逻辑，如果 Facebook 能够在大学中成功，

就一定能在高中中成功，扎克伯格坚信这一点。但是泰尔和布雷耶据理力争，认为在拥有 1000 万大学注册用户之前，这种改变是不理智的，至少现在高中生还没有做好加入 Facebook 的准备。扎克伯格认为自己的判断是正确的，就不会因为被人反对而放弃。

终于，泰尔和布雷耶妥协先做一个"高中 Facebook"，这是一个和现有的 Facebook 并行的网络，高中生不能看到大学生的空间，而大学生也不能进入高中生的区域。

不过，事情远远没有这么简单，这个平台 2005 年 9 月开始注册，效果却差强人意。高中 Facebook 的用户新增的速度比起原有网络的速度就像龟兔赛跑，一个是一天不到 1000 人，一个是每天至少 2 万新增用户。但是扎克伯格并不着急，似乎胸有成竹一般，毕竟要给他们一些时间去了解和适应。他坚信这绝对是行得通的一条道路。

和莫斯科维茨一起，扎克伯格发现 Facebook 的快速增长，很大一个原因是原有的用户基数，差不多一半的大学生都是 Facebook 的注册用户，那么剩下的人中不可避免的其中一个或几个人的朋友，除非你与世隔绝，否则一定会收到好友的邀请信息。而现在的高中 Facebook 则不是，由于两个网络不连通，所以大学生们缺少邀请的激情，而高中生缺少了解和加入的动力。于是，他们迅速把两个网络连接起来。2006 年 2 月，Facebook 没有了"大学"和"高中"的差异。仅仅经过两个月的时间，高中生在 Facebook 注册的人数就突破了 100 万。

事实证明扎克伯格的判断是正确的，后来新加入的人根本不记得曾经有过高中 Facebook 和大学 Facebook 的区别，对他们来说 Facebook 是一个共享的社交网络，Facebook 原该如此。

正是扎克伯格的坚持和坚决，才使得反对者们妥协，使 Facebook 越来越开放，成为现在的"第三帝国"。坚持自己的决定需要专注和足够的自信，而只有足够专注和自信才能做到对其他的想法视而不见，才能心无旁骛地实现自己的目标。

我们常常听人说，走自己的路，让别人去说吧！的确如此，在我

们的工作和生活中，凡事绝难有统一定论，如果谁的"意见"都听，就不会有自己的主见，我们切不要被他人的论断束缚了自己前进的步伐。追随你的热情、你的心灵，它们将带你实现梦想。

乔布斯有一句非常著名的箴言："不要被教条所限，不要活在别人的观念里。不要让别人的意见左右自己内心的声音。"大凡成功之人，都有自己的主见，都不会活在别人的观念里。比尔·盖茨中途辍学，成为世界首富；李开复放弃外企总裁的职位，创办了自己的创新工场。别人的意见，我们可以听取，但绝不能盲目听从，我们一定要有自己的主见。

一名中文系的学生苦心撰写了一篇小说，请作家点评。因为作家正患眼疾，学生便将作品读给作家听。读到最后一个字，学生停顿下来。作家问道："结束了吗？"听语气似乎意犹未尽，渴望下文。这一追问，学生的灵感立刻喷发，马上接续道："没有啊，下部分更精彩。"他以自己都难以置信的构思叙述下去。

一个段落结束后，作家又似乎难以割舍地问："结束了吗？"

小说一定摄魂勾魄，叫人欲罢不能！学生更兴奋，更激昂，更富有创作激情。他不可遏制地一而再再而三地接续、接续……最后，电话铃声骤然响起，打断了学生的思绪。

电话找作家，急事。作家匆匆准备出门。

学生问道："没读完的小说呢？"

"其实你的小说早该收笔，在我第一次询问你是否结束的时候，就应该结束。何必画蛇添足、狗尾续貂？该停则止，看来，你还没把握情节脉络，尤其是缺少决断。决断是当作家的根本，否则绵延逶迤，拖泥带水，如何打动读者？"

学生追悔莫及，自认性格过于受外界左右，作品难以把握，恐怕不是当作家的料。

很久以后，这位年轻人遇到另一位作家，羞愧地谈及往事，谁知

作家惊呼："你的反应如此迅捷，思维如此敏捷，编造故事的能力如此强大，这些正是成为作家的天赋呀！假如正确运用，作品一定会脱颖而出。"

像上面这个中文系学生这样没主见的人，就像墙头草，东风东倒，西风西倒，没有自己的原则和立场，不知道自己能干什么，会干什么，自然与成功无缘。

青少年因为人生阅历和经验的欠缺，很容易被教条和别人的观念所限，这是非常危险的。因为这样很容易扼杀年轻人那份可贵的闯劲和拼劲，所以，我们要有自己的主见，认定了的事就要意气风发地去做，不要介意别人的目光。

当年桥梁工程师埃菲尔修建埃菲尔铁塔时，遭到无数人的反对，人们认为这个钢铁怪物会把巴黎的浪漫一扫而空，他甚至收到了一份由很多社会名流共同填写的请愿书，大致内容就是铁塔建成之日就是他们远离巴黎之时，在这份请愿书上签字的，甚至有名噪一时的大仲马等人，但埃菲尔最终顶住了压力，力排众议。现在埃菲尔铁塔俨然已经成为巴黎甚至法国的象征。如果埃菲尔当年因为这些看似恳切的建议而畏首畏尾，没法按照自己的心意做出决定，那我们恐怕也就见不到这座伟大的建筑了。

小到一座桥梁的建设，大到一个人的一生，都有可能因为别人的左右而产生巨大的变化，有一点我们一定要记得，话是别人说的，改变的却是我们自己的一生。无论何时，都要记得，我们的生命属于我们自己，而且只有一次，如果我们连要怎样去度过它都没有办法按照自己的心意去决定，那结果将会是灾难性的。

有太多时候我们在为别人的话买单，吃着别人为我们种下的苦果，我们的决定无法代表我们自己的心意，我们人生的困境也经常由此而起。小的时候想要学音乐，但妈妈喜欢美术，于是你按着妈妈的喜好学了美术；高中的时候文理分班，想要学文科，但因为爸爸妈妈觉得文科赚不到钱于是学了理科；高考结束填报志愿想去广州，但因为亲

人觉得离家太远于是留在了自己的省城；毕业之后想要开自己的公司，却因为爸爸妈妈觉得风险太大，苦口婆心地劝说，进而放弃；最后你找到了自己喜欢的人，却因为家人觉得你们不合适而分开……我们的决定一直被别人左右，到最后，毁掉的却是我们自己的人生。

这些大大小小的事情，有些你们已经遇到过，并且做出了或欢喜或忧伤的选择，而更多的就在你们未来的道路上等着。不要让别人的意见左右自己内心的声音，只有遵从自己的心意去做才是最佳的选择。

扎克伯格的智慧

一个坚定不移的将梦想践行到最后的人，不会因为任何人的意见而改变自己的初衷。即便改变了，那也一定是自己内心做出的最真实的选择。尤其是成就一个人一生的重大决定，一定是自己独立做出的，不受任何人的影响。

忠告五：
另辟蹊径才有新风景

自由开放的环境有利于创新思维

灵感＋努力＝成功

只有想不到，没有做不到

经验是另一种思维枷锁

"学我者生，似我者死"

自由开放的环境有利于创新思维

　　创新思维来源于灵感，灵感似乎看起来是虚无缥缈，可遇而不可求的。灵感来自新事物对我们原有思维的不断撞击，就像是一块石碑，需要不断地接受不同的凿子对它的凿刻，那激起的火花就是灵感，那刻在石碑上的文字就是灵感带来的新思维的记录。

　　但是这个过程却需要凿子不断地敲击，很难在一个规定的程序或者时空中完成。灵感的出现，需要不同思想之间的相互碰撞，需要自由、开放甚至是无序的环境。因为越是无序的要素之间，碰撞的可能性就越大，也就更容易产生灵感，更容易创新。作为"创新之王"的扎克伯格深谙此道：创新，来源于有组织无"纪律"。在一个团体当中，他更偏爱可以使思想自由碰撞的开放环境。

　　Facebook 公司的很多制度并不是很正式化的，但走向正式化似乎是个难以改变的趋势。扎克伯格最担心的事情就是这种正式化会影响到交流和创新。他不希望 Facebook 的壮大影响到自由交流。

　　在 Facebook 的工作室里，人们时常会发现扎克伯格身穿 T 恤或者运动上装、牛仔裤，阿迪达斯的露趾拖鞋，很多员工都能够及时地利用软件自由交流。而在 Facebook 总部蓝屋中有着各种艺术涂鸦，这座蓝屋简直就是大学学生宿舍的延续，整个办公室完全开放。

　　除了办公桌、办公用具之外，不设隔间，每一个员工都可以在自己的位置上摆放自己喜欢的任何东西。而扎克伯格自己也跟大家一样，没有特别的办公室，只有一张桌子，一台笔记本电脑。唯一封闭的区

域是会议室，但它又是"完全开放"的，因为三面都是透明的玻璃墙。而在办公区域外，Facebook为员工提供各式各样的休闲设施，有视听室、游戏室，有爵士鼓、电吉他、国际象棋，有乒乓球、桌球，厨房里还有各种饮料、零食，营造出轻松愉快的工作氛围。

"一个语言逻辑不同、无法自由沟通的企业，思想的碰撞怎能产生火花？"正是基于这样的想法，扎克伯格要找的人得具备两个特征，第一是高智商——有更多更高端的新思想；第二是要对他的事业有认同感——语言逻辑一致。追求这种自由轻松的环境是扎克伯格的风格之一，但这样设置的办公环境却并非仅仅这样简单——他别有意图：思想的高概率碰撞，加速创新的步伐！

Facebook的员工不像是为了挣钱而工作，而是把工作当成自己的事业来做，他们可以在上班下班时都穿着拖鞋在办公室走来走去，吃着泡面加班到天亮，因为他们知道自己的一个好创意如果不完全编程设计出来，便会稍纵即逝。为了能够使头脑中的奇思妙想最大限度合理化，他们可以随意和自己的领导甚至是直接去和扎克伯格聊想法聊创意。因此，Facebook能够在科技领域崭露头角，后来居上。

事实上，每个组织都一样，当过度地制度化时，一切系统的运作都会显得僵化而没有突破。人与人之间也一样。当人们之间过分地利用亲疏关系、长幼关系、上下级关系等将彼此束缚住之后，每个人都会按照既定的规则去说话，就很难产生思想上的碰撞。在这种情况下，很难诞生奇思妙想，即便产生了也很难将之表达出来并付诸实践。对青少年而言，这种情况要稍微好一些。他们面对的人际束缚并不多，只要能够稍微放开一些，多和自己的父母、家人、老师、同学交流，将自己真实的想法表达出来，在讨论甚至是辩论中就能得到灵感。我们需要做的是：有了好的点子就放开自己去和身边的人讨论，不要被身份束缚住。因为，思想的交流并不应该受到辈分、亲疏的限制。

中粮集团前董事长宁高宁说，创新不是找博士后搞实验室，而是从内心尊重员工，让他们在宽松、自由、快乐的环境中工作，创意就

会慢慢迸发。更重要的是，当人人都拥有与生俱来的自然的尊重和宽松，那么他们不再会以高工资这些世俗的指标来衡量自己，他们会追逐自己的天性和乐趣，不再仰人鼻息。这就是真正的放松和自信。

此外，自由开放的环境也是我们思维发散、灵感涌现的一个关键。这在 Facebook 和微软等一些大企业中均有体现。

微软公司的研究设计与办公楼群，绿树环抱；中央有闻名的比尔湖；通往大门停车场的宽阔道路命名为"微软路"；整个楼群布置得像一所美丽的大学校园。公司期望就像大学那样永不停息地探索科学知识，期望员工就像大学里的科学家那样自发地从事科学技术的研究与开发，又像大学里的学生一样孜孜不倦地自发地学习科学知识。因此，公司营造了类似大学校园那样的优雅宁静的工作环境。

公司期望所有员工把自己的办公室看成是自己的家一样，就好像他们自己在大学的宿舍里那样。所有的办公室都不锁，软饮料是免费供应的；没有统一的公司着装，没有人会穿得西装革履，大家都是宽松的衣着，如牛仔裤和 T 恤等。公司期望自发追求卓越的员工们感觉就像是在自己家里一样轻松自在。

比尔·盖茨认为，微软的成功将永远依赖于公司能否吸引并保留那些具有创新才能的优秀员工。加入微软公司的基本条件之一是高智商。盖茨总是喜欢那些刚从大学毕业的年轻人。微软的薪酬并不是特别高，但为个人施展才华和实现个人成就与价值，尽量创造良好的工作环境与工作气氛及更多的机会，可以免费成为当地健身俱乐部的会员，拥有许多购买公司股票的机会。

在微软，工作时间完全是灵活机动的。程序设计是一项具有创造性而且又要精力高度集中的研究工作，因此，研究与设计人员需要轻松的感觉，才能自觉地做好工作。有些人可能选择夜里工作，晚上 10 点上班，翌日 6 点下班。为了能够保持紧张而轻松的工作气氛，公司把员工分成 5～15 人不等的许多小组，共同从事着项目的研究开发。

设计人员都工作很长时间，他们整天往电脑里不停地输入，然后打印出成堆的纸；工作节奏快得几乎到了让人发疯的地步。工作人员把他们的工作时间都自动延长了，因为谁也不希望成为第一个离开办公室的人。这种气氛形成了既宽松又投入的工作规则。

在轻松自由的环境中，微软保持了在软件界长期的老大地位——美国专利研究机构 IFI Claims Patent Services 表示，仅在 2010 年微软就获得了 3094 项专利，仅次于 IBM 的 5896 项和三星的 4551 项。

组织和纪律是一种相辅相成的关系。以前，我们总是对组织性和纪律性有太高的执着和追求，却忘记了过度的组织纪律化反而不利于个人自由，在个人自由长期受到限制的时候，思维的火花就难以在禁锢中获得释放。有组织无纪律往往成为当下创意型企业中一种新型的制度模式，在管理上有松有紧，松紧结合之下保证企业创造的持续性。

对于不同类型的创新和创新的不同阶段，企业可以采取不同的方式，区别对待——尤其是在创意的实验和形成阶段。反复进行的开发流程可以消除新机遇中存在的风险，所以新业务有可能逐渐转化为公司的核心生产力。这一转化标志着新业务的形成，它将来有一天可能会成为公司的命脉所在。没有相应组织机构的支持，新的增长契机很难成功转化为现实。

有人说，知识经济过后，创新经济就来了。顾名思义，支持和推动创新经济的力量就是创新，是创新的产品和服务。这个说法听起来有点玄，其实也就说明了创新经济并未到来。即便如此，世界变得越发复杂是个不争的事实。科技日新月异，交通的便利能让你在 24 小时内几乎可以到达世界任何角落；市场竞争的激烈，创新公司的崛起，让创新成为社会的焦点；对人才的要求，现在也加上了创新能力这一项。

如此看来，无论是未来的工作环境中还是现在的学习环境中，都要尽量将自己从压抑的、被严格控制的环境中解放出来。你可以选择

去郊外在大自然中享受自由自在的感觉，也可以更多地融入到一些自由轻松的团体当中，让你的思维活跃起来。

扎克伯格的智慧

自由开放的环境有利于创新思维。一个语言逻辑相同、无法自由沟通的企业，难以碰撞出思想的火花。

灵感＋努力＝成功

阿基米德在一次洗澡时，溢出水缸的水给了他灵感，于是他发现了水的浮力。其实这些都是客观存在的现象，就算他们没有发现，这种客观现象也依然存在，而因为灵感让他们去研究去探索，最后把世界引向了更深层次的智慧和认识的领域，也让他们获得了成功的喜悦。

灵感可以让人在迷失后找到方向，让人豁然开朗。于是它铸就了走向成功的台阶。

灵感可以铸造成功，但是并不是说拥有灵感就一定能够成功。灵感源于生活。灵感是生活给予你的启发，有所启发不等于就能成功。生活给了你启发，你要学会利用它，而不是一味高调地吞噬它。用勤奋和汗水去浇灌灵感，你会离成功越来越近。袁隆平说："我的成功'秘诀'是知识、汗水、灵感、机遇。知识是基础，汗水是途径与方法，灵感是源泉，机遇是条件。灵感是成功的一部分因素，却不是全部。"

扎克伯格在美国加利福尼亚州门罗帕克的一所中学发表主题为"不要再说'我不能'"的演讲时也曾表达过类似的观点，他说："成功不能靠一时的灵感或才华，而是需要一年又一年的实践和努力，凡是了不起的事情都需要大量的努力。"

2010 年，由大卫·芬奇执导的电影《社交网络》在全球红极一时。在金球奖颁奖典礼上，《社交网络》拿下了最佳电影、最佳导演、最佳编剧、最佳原创音乐四个电影类主要奖项，打败了呼声很高的《盗梦空间》。

《社交网络》不是一部伟大的电影，但却足以令人疯狂，主人公

Facebook 创始人马克·扎克伯格的成功故事激起观众的共鸣，一个放任不羁的学生通过努力最终变成了为全球 5 亿人提供服务的网络巨人。

其实，Facebook 的创意灵感来源不过是扎克伯格在埃克塞特中学求学时，学校里登记学生信息资料的花名册，同学们都亲切地称之为"the Facebook"。这看上去实属偶然。但是如果你因此认为扎克伯格只是空有一副牛顿的皮囊，那你就错了。这样的"科技牛顿"并不是人人都能当的。

在 Facebook 公司的办公室里，随处可见的是 RISK 的桌游盒子。这是一个在世界地图上展开的游戏，2～6 个人分别用兵力占据一个个国家，最后以一方消灭所有敌人占据整个世界结束。早在读高中时，扎克伯格就是 RISK 迷，还曾经自己动手改写过这个游戏。Facebook 的扩张，就像一个现实版的 RISK。挂在 Facebook 全球办公室的国旗，像令旗一样从美国到欧洲再到亚洲，逐步插向全世界的疆土。

他是个喜爱挑战、高度自律的人。他每年给自己定一个新计划，获得一些全新的体验。2010 年，他每天花一小时学习中文，2011 年，他尝试吃素，对食物保持感恩。他说："最近几年里，我一直都在做出一些个人挑战——去学习这个世界，扩展自己的兴趣，教导自己更加伟大的规则。我花费了大部分的时间建立 Facebook，所以这些个人挑战是我不会简简单单有机会能做的，如果我不付出时间的话。"

我们不难从中看出时间、目标和努力对于成功是多么重要，如果 Facebook 只是靠灵感作为支撑，那么它无疑是一副空壳。灵感终究只是停留在大脑里的一种意识，我们需要把这种意识变为存在。因此，我们仍需付出更多，才能把灵感拖入现实当中，使之鲜活存在。

屈原小时候不顾长辈的反对，不论刮风下雨，都要躲到山洞里偷读《诗经》。经过整整三年，他从这些民歌民谣中吸收了丰富的营养，终于成为一位伟大诗人。

南宋诗人陆游从小就刻苦勤奋、敏而好学。他的房子里，桌子上摆的是书，柜中装的是书，床上堆的也是书，被称作书巢。他勤于创

作，一生留下了 9000 多首诗，成为我国历史上一位杰出的大诗人。

灵感在文学创作中，总会被不经意地刻意强调。诗歌的创造尤其是需要灵感的，但不等于说作家只要有灵感便可。最近火热的美国婴幼儿生产商——"有点忙"公司，也透露出其成功的因素不仅仅只是灵感的凑巧。

"有点忙"公司主要生产一种叫"鼻涕虫"的儿童用一次性湿巾。从创业初期年销售额不足百万美元的几人公司，发展到 2011 年预计销售额为千万美元的 17 人公司，"有点忙"究竟经历了一段怎样传奇的历程？

四年前，现任"有点忙"公司的总裁朱莉·皮肯斯的闺蜜麦蒂·多尼在为清洁宝宝因感冒而源源不断的鼻涕感到郁闷。麦蒂每次用盐水清理女儿鼻涕横流的鼻子，都会遭受调皮女儿的无理取闹。于是她不得不将盐水倒在湿巾上才能把女儿的鼻子搞定，而这块洒有盐水的湿巾正是"鼻涕虫"的雏形。

麦蒂觉得这或许是个商机，于是便将这个想法与好友朱莉分享，没想到两人一拍即合，从此开始了创业之路。她们首先用谷歌在网上反复搜索，看市场上有没有同类产品。令她们兴奋的是，谷歌的搜索结果显示：市场上还没有专门为宝宝擦鼻涕的湿巾。于是她们拿出 4 万美元存款做启动资金，雇来科学家和制造商按她们的构想设计产品。样品一出来，她们便忙着向孩子、亲戚、朋友甚至小区的居民免费赠送，检验产品的市场认可度。当这种配有维生素 E、芦荟、甘菊和盐水的"鼻涕虫"湿巾受到大家的一致好评时，她们便开始大规模生产了。由于填补了市场空白，"鼻涕虫"一上市销售额便呈现快速的增长态势，很快风靡美国儿童护理市场。连沃尔玛这样的零售巨头，都把"鼻涕虫"摆在货架最显眼的位置。不到一年的时间，"鼻涕虫"已远销加拿大、澳大利亚和新加坡。

公司 2008 年的销售额为 290 万美元，2009 年则达到 900 万美元。趁着"鼻涕虫"风头正盛，"有点忙"又不失时机地推出了新产品鼻尔

康，同样也是专门用来擦鼻涕的湿巾，只不过是专为成年人设计的。

生活给朱莉·皮肯斯和麦蒂·多尼带来了创业的灵感，然而，如果没有后续一系列的研究、调查、实验，能够迅速在美国儿童护理市场占据一席之地的可能不是"有点忙"公司，在这个位置的可能就不是朱莉与麦蒂，或许就是别人。

记得一位哲人说过：世界上能登上金字塔的生物有两种：一种是鹰，一种是蜗牛。不管是天资奇佳的鹰，还是资质平庸的蜗牛，都能登上塔尖，俯视万里，一览众山小。鹰从来都是展翅高翔的，它是极具天赋的，高翔就是它的职责。然而，若没有不懈的努力，雄鹰也只能空振羽翅望塔兴叹罢了。蜗牛登上塔顶靠的不过是一份坚持不懈的执着，若没有执着奋斗的精神，蜗牛也就只能在塔脚仰望塔顶的风景罢了。一个人的进取和成才，灵感固然重要，但更重要的是自身的勤奋与努力。

灵感虽不能说唾手可得，但只要关注生活，细心发现，总会有收获的。没有成功不是你没有灵感，而是你付出得不够。千万不要因为灵感易得就置之不理，要利用好你的灵感，利用好你的双手，努力创造一片艳阳天。

扎克伯格的智慧

灵感是生活给予你的一份启发，有所启发不等于就能成功。生活给了你启发，你要学会利用它，而不是一味高调地吞噬它。用勤奋和汗水去浇灌灵感，你会离成功越来越近。

只有想不到，没有做不到

英国苏格兰爱丁堡龙比亚大学产品设计系学生发明的"交流泡"外形像一个圆圆的玻璃鱼缸，可以屏蔽周围的声音，佩戴者只要互相凑近就可以聊天，其灵感来源于方便情侣在公众场合说悄悄话。

日本设计师月冈设计了一件新款裙子：从表面看很普通，但如果把它展开拉直，裙子就会立即变身成饮料售卖机的模样，这样独行女子躲在这种伪装服后面可以避开潜在的攻击危险。月冈的设计灵感则来自日本忍者，这些人总是穿着黑风衣，在夜里不容易被发现。

美国一位嗜好制造导弹的发明家他最大的爱好就是制造一些能够爆炸的物体，曾经一位朋友提及他制造的爆炸物颇似可乐拉牌蜡笔时，他便开始建造蜡笔外形的火箭。尽管它看上去像儿童的玩具，但最终还是成功地在内华达沙漠中发射了 4 枚火箭，成功发射概率为 50%。

世界上所有的发明都是来自生活中偶然迸发的奇思妙想。这种奇思妙想在每个人的生命中都会出现无数次，只是有些人把握住了它们，将它们付诸实践并且不断完善，形成了伟大的发明。

扎克伯格在孩提时代就表现出了对一切事物超越同龄儿童的好奇心和思考，尤其对电器电脑很感兴趣。在他进入默西学院学习不久之后，他从父亲的工作中发现了一个可以让自己大展拳脚的机会并且付诸了行动。

扎克伯格的父亲爱德华在给病人看病的时候，接待员常常为了省事只拿起电话来喊一句"来病人了"就交差了事，这样不利于爱德华了解病人的病情，因此爱德华一直想改善接待员通报病人的方式，扎克伯格知道了父亲的想法之后立即进行研究，开发了一款软件，可以让家里和办公室的电脑互通消息，只要有病人来，接待员就可以通过办公室的电脑给爱德华家中的电脑发送讯息，这样可以把病人在接待处登记的简单病情信息发送给爱德华。这款程序被命名为 ZuckNet，即"扎克家的网络"，除了在工作方面的应用之外，这个网络还可以实现网上聊天，进行"很酷"的沟通。这款软件的起源本是很简单的想为父亲改善工作，提高为病人的看病效率，但其实这个"扎克家的网络"竟成为早于 MSN 和 QQ 网络聊天的沟通方式（MSN 和 QQ 是在1999 年才上线的，此时大概是 1995 年），虽然最后"扎克家的网络"并没有更广泛流传，但这充分说明了扎克伯格丰富的想象力以及将奇思妙想转化为现实的能力，也成为这位伟大的软件设计天才的处女座。

并且除了工作之外，这个网络还可以实现网上聊天，进行"很酷"的沟通。这款软件的起源本是很简单地想为父亲改善工作，提高为病人看病的效率，但其实这个"扎克家的网络"竟成为早于 MSN 和 QQ 网络聊天的沟通方式（MSN 和 QQ 是在 1999 年才上线的，此时大概是 1995 年）。虽然最后"扎克家的网络"并没有被更广泛地流传，但是这充分说明了扎克伯格丰富的想象力以及将奇思妙想转化为现实的能力，也成为这位伟大的设计软件天才的处女作。

除了家教之外，扎克伯格还在母亲的建议下认识了很多同龄的朋友。一开始扎克伯格觉得这是在浪费时间，不过后来扎克伯格发现他可以从这些朋友的聊天中得到很多游戏设计的灵感的时候，他就不那么抵触交朋友这件事了。扎克伯格还认识了一些喜欢艺术的朋友，他们会经常聚在一起画画，扎克伯格参加他们的聚会，然后根据他们的绘画作品构思游戏的方案。

只有想不到的，没有做不到的，心有多大，舞台就有多大。扎克

伯格通过发挥自己的思想创意，开始了自己科技研发的道路。多年之后，也许连他也不会想到，这恰恰成了他引领 Facebook 走向研发之路的基础之作。

如果将人生比作一条长河，那么想象就是长河中的朵朵浪花。荒诞的想法、大胆的猜测、标新立异的假设，这些形象思维的利剑，往往能劈开传统观念的枷锁，帮助你创新并成就你非凡的事业。失去想象是非常可怕的，你可能永远只能做一个平平庸庸、默默无闻的跟随者，成功离你永远是那么遥远。

一天早晨，艾布特和简妮坐在他们的办公室里发愁，把他们的账单拿出来再次看了一遍。店里十分冷清，此时他们的一位在化学研究上极有名望的科学家朋友阿艾布特德·克里菲正好从附近的街道走过，他突然心血来潮，决定去看看艾布特和简妮。他发现了这对年轻夫妇的沮丧和焦急，问他们："生意还好吗？"

艾布特懒得说，写下"impossible（不可能）"这个词递到克里菲面前。克里菲看了看，然后说"让我们来看看'不可能'这个词，如果不愿意被它征服，那么就想想该怎么来对付它吧。"

说完，他拿起一支铅笔在纸上画了两道斜线，一道画在 i 这个字母上，另一道画在 m 这个字母上。因此，现在这个词看起来就是：possible（可能）。在去掉 im 之后，possible 这个词就显得既清楚又突出。他说："如果你不认为任何事情都是不可能的，那么，就没有任何事是不可能的。你觉得如何呢？让我们只看到 possible 这个词。我们可以用想象和思考来应对你们面临的情况。"

克里菲从一叠已准备好寄给他们顾客的账单中，拿起最上面的一张发票。"约翰·波特，"他问，"你对波特先生有何了解？他是否有妻子和孩子？是否知道他的生意做得如何？""我怎么知道？"艾布特不满地嘀咕着，"他只是一个顾客，而且付款一向很慢。"

"我告诉你该怎么办。"克里菲说，"从电话簿上找出他的电话号

码，打个电话给他，以友善的态度问他的情况如何，现在就这么做。"

艾布特很勉强地照着朋友的指示做了，并且跟对方聊了一会儿，从他脸上浮现的第一个笑容来看，这次谈话显然十分愉快。那位顾客对于艾布特的问候感到惊讶，当艾布特表明自己仅是问候不是为了讨债时，他强调并没有忘掉他欠我们的钱，答应尽快归还。

然后，克里菲提议说："现在，让我们来想些主意。有足够的钱买一罐油漆吗？"

"有啊！我们还不至于那么潦倒。"艾布特不高兴地说。

"嗯，你们可以把店铺内部重新粉刷一遍。把那面橱窗和展示架刷得闪闪发光为止。为天花板上那些美术灯换上一些新灯泡。最重要的是，在你们脸上挂满微笑，在店里等待顾客上门。当人们到来时，以真正友善的态度去迎接他们。不断地把事情认为是有可能的，永远除掉那个'不可能'的概念。当然这并不很容易，但只要按照我的话去做，你们就能一帆风顺——勇敢地朝前迈进。"

在一个月内，这对年轻夫妇收回了不少欠款。渐渐地，他们开始有了收益，终于渡过了难关。

在这个世界上，你想要过成功的生活，也一定可以像案例中的扎克伯格和艾布特夫妇那样。你必须相信自己，并且认为你有实现梦想和创造的机会。世界上没有什么不可能，只要你敢想敢做，这样你就能站在高高的位置上，获得新的人生高度。

相反的，更多的人则任由这些灵感一闪而过，淹没在各种各样的琐事当中，再也不见踪影。这其实应该归咎于他们在孩童时代受到了过少的鼓励和过多的限制。我们经常听到父母们朝着孩子大喊："这么脏，快扔了！""别胡闹了，这样不行！""好好学习，别老想这些没用的。"正是这样的情况，将孩子们的奇思妙想以及活跃的思维都扼杀在了摇篮之中，很多人甚至因此失去了创新思维的能力。

事实上，青少年比大人更容易创新。他们虽然没有成人那么多的知识和经验，却有着无穷的想象力，因为他们更少有固定的答案和思

维模式。这些想法尽管看起来很荒唐，甚至不着边际，却是创造性思维的体现，是一处珍贵的宝藏。

有时候，在孩子的世界里，很可能会因为一点无意中的小错误而发现人生更美丽的景色。如果能及时拓宽思维，发挥创造性，也许能发现和创造出更令人惊奇的美丽，从而对事物产生更浓厚的兴趣和更饱满的热情。因此，当你们有了新的想法时，一定要尝试将它们付诸实践。也许你身边的人会说出各种各样的理由去阻止你干这些"蠢事"，但你要有勇气告诉他们，这是多么新奇有趣和振奋人心的一件事情；要想办法争取他们的鼓励和支持，信心十足地将自己的"怪点子"变成现实。

扎克伯格的智慧

生活中的"怪念头"和"馊主意"都可以成为我们创新发明的源头。要珍惜偶然间的灵光一闪，不要将这些奇思妙想白白浪费掉。说不定，你就是下一个创造者、发明家！

经验是另一种思维枷锁

日常生活中，我们要处理事情或解决问题时，一般都是按照自己的方式，这种方式一旦反复被运用，就形成了思维的惯性。惯性思维是指人习惯性地因循以前的思路思考问题，仿佛物体运动的惯性。多数人都会或多或少受惯性思维的影响。惯性思维常会造成思考事情时有些盲点，缺少创新或改变的可能性。

"妨碍人们创新的最大障碍，并不是未知的东西，而是已知的东西。"通常情况下，人们在考虑问题的同时，把自己生平所有积累的经验和知识加了进去，殊不知，这不只是一个人的思维惯性，更是人们的一个沉重的思想包袱。我们要想摆脱这个思维的负担，就要改变自己的思维方式，并突破这种思想枷锁的束缚。

任何事物只有不断发展才有持续顽强的生命力。创新是发展的原动力，而创新的根本来源则是思想上的创新。要想挖掘无穷的创新能力，就要丢掉惯性思维，不为定式所累，不断开阔视野。

2003 年，上大二的扎克伯格习惯于拖着一块两米多长的白板走进他的宿舍。这个白板是电脑高手们用来激发灵感的工具。尽管这看起来挺别扭，但对扎克伯格来说，他实在是离不开这块白板。

扎克伯格将这块白板放在宿舍中通往寝室的门厅里。他经常花很多时间站在那儿，写一些让人眼花缭乱的方程式和符号，以及延伸出来的各种变来拐去的线条。很长一段时间，扎克伯格乐此不疲，几乎到了废寝忘食的地步。他攥着记号笔，站在板子前，有时又退后两步

瞧瞧，以便看到方程式的全貌。如果有人经过，扎克伯格就不得不将它推到墙边，待路人过去后再继续蹲下来"工作"。不对着白板演算时，扎克伯格就会坐到书桌上的电脑前，沉浸在屏幕上呈现的计算中。他把这些称为"课程搭配"。

对此，莫斯科维茨后来回忆说："他真的喜欢那块白板，即使它未必能让自己的想法更清楚明了，他也总想在板上把它们表达出来。"现在，这块白板已不同于从前，它上面写的也不再是方程式，而是Facebook的增长数据图表，内容主要是每天增加的用户数和采用了哪些特色服务，以及哪类用户拥有的朋友最多，等等。

扎克伯格当时并没有想到，他所做的一切，正在改变这个时代。

在白板前面"站"了一周之后，"课程搭配"的草图出来了，这是一个十分稚嫩的网络项目。扎克伯格这样做，也纯属给自己找乐子。他想帮助在校学生根据别人的选课来确定自己的课程表，只要用户们在网页上点击某一门课程，就能轻易发现谁报名选修了这门课程，如果点击一个注册学生的名字，也能轻易发现他选择了哪些课程。

"课程搭配"上线后，很快就受到数百名学生的欢迎。扎克伯格也为此感到自豪——通过事物就可以把人联系起来。但是，不久之后，扎克伯格发现，学生们并不是都乖乖地用"课程搭配"来选课，而是用它来知道邻桌的美女都选择了哪些课程。哈佛学生认为这种以人定课的方式正是他们想要的，扎克伯格的成果满足了他们对"泡妞"的需求。

打破惯性思维，让想象长上翅膀，不被既有的创造所束缚。扎克伯格能够在别人还局限于根据学分随意性选课时，在白板上勾勾画画创造出"课程搭配"的应用，满足了大家的需求，也使自己的能力得到锻炼提升。

自然界里最后能生存下来的物种，并不是那些最强壮的物种，也不是那些最聪明的物种，而是那些最能适应环境变化的物种。人类也是如此，我们要学会从不同的角度去考虑问题，从而找出解决问题的

最佳方式，从而摆脱思维惯性给我们带来的负面影响。

作为苹果的核心人物——乔布斯，则被奉为"创新之神"。乔布斯既是一位破坏规矩的天才，也是一位对世道有独特见解的思想者。有人说他是用右脑颠覆左脑的第一人，有着与常人不同的理念。对于他来说，只要敢想，便没什么不可能。

1971年10月，年仅16岁的乔布斯在杂志上看到一个关于"蓝匣子"的新闻报道，这个"蓝匣子"是一种可以盗取电话线路的设备，拥有蓝匣子的人自然就可以免费拨打电话了。这个消息使乔布斯很兴奋，他默默地想：我也可以做成这个"蓝匣子"，而且我相信我能做得比原来的更好。于是，他叫上同是对电子产品感兴趣的沃兹尼亚克一起设计。

在设计"蓝匣子"的过程中，他们经过了很多次的失败，但每一次失败之后，他们都会融入更多的创新理念。最终他们完成了自己的作品。看着这个不用花钱就可以打遍全世界的神奇"小匣子"，他们既兴奋又欣喜。在发明中，他们还增加了自动启动的装置，不需要开关，一有人拨打电话的时候，它就会自动启动。虽然这是个不可能被推广的物品，但却是乔布斯第一个真正意义上的创新发明。

乔布斯曾说过："你不能问顾客需要什么然后给他什么，因为等你按顾客要求做出来以后，他们又有了新的要求。"凭借着这种敢想又敢干的精神，乔布斯在大学退学之后开创了自己的"苹果"事业，并从默默无闻到领先世界，创造了一个又一个奇迹！

乔布斯是一个同年幼时的比尔·盖茨一样聪明而又叛逆的孩子，他曾就读于向往已久的里德学院，他选择这里的原因是由于这个学院拥有播撒自由思想种子的精神。但一个学期下来，他仍然感到课程的枯燥无味，再加上父母的收入实在有限，他便选择了退学。

但是，退学对于他来说，并不等于放弃学习，只是不需要缴纳昂贵的学费，也不需要参加各种考试而已。就这样，没有MBA文凭，

不是技术出身，甚至连大学毕业证书都没有的乔布斯开始了创业。其后的经历依然跌宕起伏，但是凭借着创新理念，乔布斯居然在家中的车库里发明了个人计算机。

回眸苹果的发展历程，无数次证明了"苹果"离不开乔布斯，更离不开创新精神。乔布斯正是由于打破了惯性思维，找到了突破口，才让"苹果"一炮走响，跻身大企业之列。其实，不止是对于"苹果"，不止是对于乔布斯，对于我们每一个平凡的人和我们为之奋斗的事业，都需要这种敢想敢干的创新精神。一个在事业上做出成绩的人，身上必然闪耀着创新思想的火花。

如果你只想保持眼前舒适顺畅的生活而毫不思变，很可能是因为习惯了，或害怕失败，反对任何新的尝试。"大家都是这样做的"，"我做这一行以来，从没听说过这种事"……一旦自我设限，只会墨守既有规则时，有趣的新组合以及打破规则的创新就永无出头的机会。不管怎样，抗拒改变的心态会牵绊你前进的脚步。

我们在长期的工作、学习和生活中，对经常发生的事情在思考的过程中，往往会产生思维惯性，形成固定的思维模式，即思维定式。思维定式对常规思维是有利的，它可使思考者在处理同类问题的时候少走弯路。

然而，思维定式也有它的弊端，特别是当我们处理一些新情况的时候，思维定式就会变成思维枷锁，阻碍我们用新观念、新方法、新思路去创造性地解决问题，使人失去创新和发展的源泉和动力。

恩格斯说："人类地球上最美的花朵是思维着的精神。"我们生活在地球上，一切事物都在时刻运动着、变化着，没有绝对静止的东西，也没有一成不变的东西。如果要想准确认知这个世界，就不能用老眼光和习惯的思维定式来看待和理解它，要学会突破旧的观念和想法，用创新发展的眼光看问题，用与时俱进的理念来处理问题，只有这样，才能抓住问题的关键点且达到意想不到的效果。

扎克伯格的智慧

　　惯性思维也存在它的弊端，特别是当我们处理一些新情况的时候，原有的一些思维习惯就会变成思维枷锁。如果要想准确认知这个世界，就不能用老眼光和习惯的思维定式来看待和理解它，要学会突破旧的观念和想法。

"学我者生，似我者死"

张扬叛逆，更多地关注自己的个性——这是社会对当今九零后的孩子们的普遍印象。他们没有听取别人建议的习惯，比起接纳他人意见，他们更倾向于相信自我观点，因而向别人学习看起来是件不太容易的事情。

然而，你真的能够不学习就取得非凡创意，获得成功吗？

答案当然是：不能！21世纪的竞争实质上是学习能力的竞争，而创意竞争唯一的优势是来自比对手更快的学习能力。世界第一CEO——杰克·韦尔奇说："你可以拒绝学习，但你的对手不会！"如果没有持续学习，企业将不可能得到任何利润，你也不可能获取成功。

孔子说："三人行，必有我师焉。择其善者而从之，其不善者而改之。"要想学习进步，需要不断从别人身上吸收养分，每个人都可以是自己学习进步的对象。

- -

扎克伯格就读于哈佛大学，没有毕业就创立Facebook网站。在管理方面，他还很年轻。不过熟悉扎克伯格的人都知道，他是一个非常善于学习的人。对于新事物的学习，就像海绵一样。他总是在不停地问为什么，他非常清楚自己擅长什么。据和他打过交道的风险投资家和同事介绍，扎克伯格完全有能力领导一家大型公司。

扎克伯格在公司内部有一个重要的学习对象：公司的首席运营官雪莉·桑德博格，Facebook网站的二号人物，曾经在谷歌公司工作。扎克伯格从她那里学到很多与员工以及外界打交道的技巧。扎克伯格

之前对社交有点不适应，特别是对于华尔街的文化，他会穿着睡衣出席活动。如今，为了公司上市，扎克伯格经常出席一些推介会，这显然受益于从桑博格那里获得的经验。

此外，扎克伯格还有一个智囊团，他和很多科技巨擘都保持良好的关系，这些人都是他的顾问，如微软的比尔·盖茨和前不久逝世的史蒂夫·乔布斯。网络浏览器网景公司的联合创始人马克·安德里森以及华盛顿邮报公司的董事长兼 CEO 唐纳德·格雷汉姆也是扎克伯格的好朋友。一位曾和扎克伯格碰面的风险投资家说，当时 Facebook 网站创立才一年时间，然而扎克伯格似乎并不是很看重钱。很多初创公司都急需资金，见到有人投资便会极力推销自己以获得金钱。但扎克伯格与众不同，他希望投资人能够将自己引荐给盖茨。后来他获得了这样的机会，从比尔·盖茨那里学到的东西显然让他受益匪浅。

牛顿曾经说过："我之所以站得高，是因为我站在巨人的肩上。"年轻而缺乏经验的扎克伯格知道自己在经验上毫无优势可言，但是他无疑是极聪明的——他懂得从别人身上学习！从雪莉·桑德博格身上，扎克伯格学到了社交礼仪，不再担心在公开场合和别人打交道；从比尔·盖茨、史蒂夫·乔布斯和唐纳德·格雷汉姆身上，扎克伯格学会了如何对待金钱，以及如何管理公司。学习，让扎克伯格年纪轻轻就能站得够高，看得够远。

对年轻人来说，初入社会有很多地方不足，此时，如果我们能灵活借鉴那些成功者的经验；或者是懂得借势，让自己掌握不一样的"拿来主义"，把别人好的经验都拿来为己所用，那么就会大大降低我们的成本付出。

在竞争的广阔天地里，如果我们只跟风赶浪，人云亦云，做别人做过的东西，那就很难求得发展。相反，如果我们能不断创新，另辟蹊径，拿出真正属于自己的"作品"，那么，我们便有了独一无二的生存砝码，便有了无法被超越的能量。

有人说，在中国的互联网发展历史上，腾讯几乎总是在亦步亦趋地跟随，然后细致地模仿各种互联网服务，接着决绝地超越。只要是一个领域前景看好，腾讯就肯定会伺机充当掠食者。

但是，腾讯在模仿的同时也将用户的感受和需求作为大前提进行相应地创新。有业内专家分析，QQ聊天软件几乎覆盖了所有的网民，从一个模仿ICQ的小小聊天软件到如今的QQ系列产品服务，腾讯走过了10年的成长历程。在成功的背后，腾讯正是抓住了中国网民的需求和心理，让QQ成为网民必备的聊天工具。

现在不乏很多网民不满足于只有个QQ账号，还有靓号的需求；点开QQ下面的服务图标，QQ会员、蓝钻、红钻、QQ秀一应俱全。然而这些都已不是模仿，而是在QQ软件用户基础上进行的有益创新，反之也更加稳固了用户基础，增强了用户黏性。增值服务让腾讯不断盈利，有了用户基础和资本，就可以大胆地模仿各种成功产品，并在模仿的基础上结合用户需求做得更加完善。

如马化腾所言，QQ本身是一个仿制品，但是像离线消息、QQ群、魔法表情、移动QQ、炫铃等都是腾讯的创新。作为全世界少数能赚钱的即时通讯软件中赚钱最多的聊天软件，"中国国情"或许帮了腾讯的忙，但是能在众多的本土竞争对手和国外巨头的激烈竞争中生存下来，更多的还是其对用户需求的把握和基于用户需求的创新。

微软、Google也是"抄袭大王"，从Windows到Office，它们做的都是别人做过的东西。对于落了个"抄袭者"的骂名，马化腾不以为然，因为在马化腾的眼里，腾讯不但是在学习，更是在追求创新。创新产生价值，创新铸造品牌，创新改变生活——这是马化腾一直实践的道路。秉承了"学习——吸收——创新"的发展思路，马化腾和他的腾讯会不断地取得新的进步。

那么，我们怎样才能在学习当中做到创新呢？

首先，向每个人学习是创新的一个环节，但学习并不是盲目进行

仿造，而是朝着既定目标进行的创造性的吸收。如果只是一味地模仿而不知加入自己的思想和创意，只能是重复别人的步伐，走不出一条自己的路。就像国画大师齐白石先生说的："学我者生，似我者死。"在最初阶段，我们都要经过一个模仿过程，向前人学习优秀之处，吸取了他人的精髓，才能更好地完善自己。但是，更重要的是，我们一定要有自己的创造过程。个性是区别于大众的。正因为个性的差异，才构成人生万象的异彩纷呈，才谈得上相互学习、相互促进、相互吸引、心心相印，才能领悟到成功的真谛。

其次，要想创新，还要走出自己的路来。老跟在别人屁股后边学，充其量只会落下"模仿者"之名。其实，创新都是有个性的，没有个性的创新几乎是没有的。创新之初，模仿成功者的模式是可以的，但不能一味模仿而不求突破。学习是手段，创造才是根本。因此，要根据自己的个性，设计一条成功的路线和方法，这才是高人。

好的创意来源于学习。当我们掌握好学习研究的方法，学会如何培育创意，好的创意便会源源不断地在你脑中形成。想成为一名成功人士，必须树立终生学习的观念。既要学习专业知识，也要不断拓宽自己的知识面。一些看似无关的知识往往会对未来起巨大作用，而"向每个人学习"则能够给你提供这样的学习机会。

扎克伯格的智慧

三人行，必有我师焉。择其善者而从之，其不善者而改之。要想学习进步，需要不断从别人身上吸收养分，每个人都可以是自己学习进步的对象。

忠告六：

成功需要自己找路

有准备的人才有成功的可能
要有强烈的成功欲望
不放弃是通向成功的唯一选择
一屋不扫，何以扫天下

有准备的人才有成功的可能

每个人都有自己擅长的领域，当你发现了它后，它就变成了你的天赋；而每个人都有自己喜欢的事情，它就是你的兴趣。一般而言，人只有在喜欢的领域才会展现出自己的天赋。但是能在喜欢的领域展现出天赋的人，不一定最终能成为一个天才。

扎克伯格说："天才是长期的耐心，机遇只赐给有准备的头脑。"对成功做好充分的准备——这无疑是他送给青少年的另一个礼物。天才是不断探索和长期积累之后，在遇到自己感兴趣的那个点时展现出来的超凡能力和之后的非凡表现。因此，天才是有天赋的人在自己的兴趣领域不断成长的结果。天才是那些在自己喜欢并且擅长的领域不断坚持努力、勤勉奋斗的人。

若是没有之前的探索和积累，人就会将自己的天赋白白浪费掉，成为芸芸众生中的普通个体。因为，即便你有再高的天赋，再高的智商，若是不经过努力探索和长期准备，再好的机遇来了，你也把握不住，也没有机会成为天才。

2009 年年初，扎克伯格打起了领带，以显示自己的正式。当别人问他时，他称，2009 年对他来讲是严肃的一年，他这样做是为了显示他极为重视 Facebook 发展到高位时会面临的问题。当时公司定的目标是在 2009 年用户数达到 2.75 亿。

不过用户增长还不是扎克伯格要求自己认真对待的原因，也不是货币化的需要，而是因为公司面临推出交流平台的挑战。虽然这个平

台已经有了相当多的用户，但还必须适应快速发展的需要，谁都想拥有更多的用户，但同时公司的灵活机动性也会受到限制。

扎克伯格并没有把 Facebook 看成是一个已经完善的项目，他认为 Facebook 其实才刚刚起步，还有相当多的事务要处理。2008 年年底，有记者问扎克伯格面临的最大挑战是什么，扎克伯格回答说："最大的问题是，如何引导用户接受必须经历的持续改变，我们在发布任何主要的新产品时，总会遇到一些强烈的抵制。我们需要保证在强势地发布先进产品的同时，管理好这个巨大的用户基础。我希望我们能够继续打破种种局限。"

Facebook 虽然兴起时间不长，但用户们已经体验到了很多变革。一个接一个新功能的涌现，比如照片功能、引进新闻订阅、通过很多应用平台及各自的翻译工具实现 Facebook 的扩张，这些功能都以其自身的强大属性改变了 Facebook 的产品，使它越来越丰富，也让用户有了不一样的体验。那时，扎克伯格和他的工程师们还在酝酿一场更大的变动，他不会放弃。在面对挑战时，扎克伯格总是更加有动力。

2008 年下半年，扎克伯格坦言对 Facebook 的不断进步感到担忧，同时他也推行了一系列的改变，让用户们可以互相交流更多东西。

可以看出，在上市之前，扎克伯格率领 Facebook 做了充足的准备。无论是个人形象，还是将 Facebook 打造得更加完善，精益求精的每一步都使 Facebook 的上市之路更加坦荡稳固。假如扎克伯格在发现自己的兴趣和天赋之后沾沾自喜，或者并没有认识到这将会是自己将来最好走的一条路，从而有所懈怠，没有积累足够的知识和经验，对 IT 行业没有深刻的理解，也就谈不上能够预测到这个行业将来的走向，那么，又将是什么样的结果？恐怕当社交网络平台的旋风吹起的时候，他也会措手不及，错失良机。

著名科学家爱因斯坦无疑是个天才，但没人相信他如果没有长

久、深入的钻研能得出能量守恒定律；牛顿在痛苦思索的情况下，看见苹果下落才会灵光一现，解决万有引力的问题；阿基米得坐进浴缸看见水溢出，豁然开朗，浮力定律产生了。这都说明了无论你具备怎样的天赋和潜力，都需要以勤奋为杠杆才能得以发挥，成为天才！

事实上，我们眼中的天才，不过就是那些在自己的兴趣和天赋领域里不断努力、不断进取、不断积累，渐渐成为这个领域的专家，甚至有独到见解的人。这样，一旦机会降临，他们将是众多竞争者当中不可战胜的王者。扎克伯格如此，爱因斯坦如此，其他所谓的天才人物亦是如此。

2011年，中国IT行业掀起了一阵巨浪，一时间人们恍惚觉得"中国的乔布斯"就要诞生了，一个新的神话正在形成。而拉开这个神话帷幕的，便是小米科技的创始人雷军。

这成了中国人津津乐道的事情，也是各大媒体争相报道的热点。但是，在这之前，究竟有多少人知道雷军的名字？

他是一个天才，"写程序就像写诗一样"。但就是这样的天才，却从小就是不折不扣的好学生。当然，这里的好学生的意思不是书呆子，而是成绩好。他在两年之内读完了大学四年的课程，他立志"要办一家世界一流的公司"，他为此在电子一条街风风雨雨地进行了两三年实践……就是在这样的勤勉努力下，他才成了中国第一代程序员的符号人物。

而即便是这个时候，还是很少有人知道他的名字。他在干什么呢？当然是在为了自己的梦想而努力积累。他带领金山上市，成为金山上市的最大推力。他的睡眠不太好，但是无论如何，他都坚持在早上八点之前起床，是所有人的楷模。

在金山上市后，他开始做起了天使投资。他开始为自己的梦想铺路——"全中国都是他的试验田"，就在小米科技成立到小米手机面世

之间的一年时间里，他还在悄悄地为此准备。小米手机一夜走红，谁能说这不是他这么多年以来"潜心修炼"、勤勉准备的结果？

　　勤勉是一个成功人士最重要的特质之一，也是必需的品质。从默默无闻的"网络隐者"到大名鼎鼎的"雷布斯"，这中间雷军花了整整二十多年时间，为最后的冲刺做准备。若非这样，他最多就是一个电脑爱好者，而非众人眼中的天才。

　　成功不是轻而易举就能得到的，一步登天是永远也不可能发生的事情。只妄想成功，而不去为之付出努力，那一切都只是枉然、空想而已。做任何事都有一个准备阶段，只有充足的准备才能真正让我们变得充实，结果固然重要，但成功对于一个有准备的人来说是必然的结果。人的一生是在不断地学习中成长的，成功只能满足我们的物质生活，它永远也无法给予精神的洗礼。但有些人却为之不解，他们只希望快速成功，而忽略了前期准备的重要性，最终，只能是事与愿违。

　　生活中，没有谁比谁更聪明，只有谁会比谁更有准备，谁会比谁更能抓住机遇而已。上帝也只会为勤勉准备的人留一扇窗。世界上最可悲的一句话就是："曾经有一个非常好的机会，可惜我没有把握住。"遗憾的是，这种事情在很多人身上都发生过。其实，机会对我们所有人都是平等的，它有可能降临到我们每一个人的身上，前提是：在它到来之前，你一定要做好准备。因为，谁也不敢确定下一个机会会不会借助你的天赋和兴趣将你变成一个天才，你只能未雨绸缪，以备不时之需。

　　天道酬勤，机会只会将有准备的人变成天才。青少年在发现了自己的兴趣点和天赋所在的时候，一定不能漠视它或者因此而沾沾自喜，一定要在这方面刻苦钻研，为未来迎接机遇做好准备，成就天才之路。孟子说："天将降大任于斯人也，必先苦其心志，劳其筋骨，饿其体肤，空乏其身，行拂乱其所为，所以动心忍性，曾益其所不能。"走向未来，你在刻苦磨炼、努力积累、积极准备吗？

扎克伯格的智慧

　　天才是不断探索和长期积累之后，在遇到自己感兴趣的那个点时展现出来的超凡能力和之后的非凡表现。因此，天才是有天赋的人在自己的兴趣领域不断成长的结果。

要有强烈的成功欲望

心理学有一个叫"期望强度"的概念，即一个人在实现自己期望达成的预定目标过程中，面对各种付出与挑战所能承受的心理限度，或曰其期望的牢固程度。通俗来说，就是狠心不同，它是基于目标的恒心和不达目的誓不罢休的狠劲儿。

如果你对自己说"我想要"——这明显带着留有退路的意味。如果你对自己说"我可以要"——这明显表示不要也不是不可以。只有你对自己下定狠心说"我一定要"，这才是封死了所有的退路，一往无前。同样的，人在绝地中也会爆发出最大的潜力。"一定要"就是我们自己给自己制造的一处绝地，在这个绝地当中，我们对自己的狠心和对未来的野心会更加强大，想要成功的欲望会更加强烈。

扎克伯格能将社交网站发展到今天这样的程度，无疑是下了狠心。对于从小就做着皇帝梦的他来说，将Facebook发展成一个庞大的帝国是一定要实现的目标，而非仅仅是我想要。

社交图表的应用成功，让扎克伯格和他的同事们都在思考，是什么让社交图表变得如此成功。扎克伯格得出结论，用户很愿意去看朋友们最新的信息，想知道在自己上次点击之后又有了什么变化，因而频繁地在空间里点击。最后，扎克伯格有了构建一个新页面的想法，那就是在这个页面上，不光显示朋友最近更新的照片，同时也显示他们最近发生的变化，这就是扎克伯格关于"动态新闻"的初步构想。

经过商讨，扎克伯格和团队成员下决心要通过"动态新闻"带动

Facebook 新阶段的发展。他们坚信"动态新闻"的出现必将是一个重大的改变，这会让 Facebook 面貌一新。不过，设计"动态新闻"并不容易，Facebook 的员工为此整整工作了 8 个月。

2006 年 9 月 5 日凌晨，Facebook 启动了"动态新闻"，创业者们按下按钮的那一刻，大家都在紧张地盯着监视器。但是，好像 Facebook 的用户们并不买账，940 万用户中传来的第一个回应是"把这垃圾关掉"。大家的高兴劲立刻泄了。

随即，Facebook 面临了一场最严重的危机——关于"动态新闻"的评价，只有 1% 是正面的。在三个小时的时间内，"学生反对 Facebook 动态新闻"的成员就达到了 1.3 万，那晚两点，人数飙升至 10 万，次日中午已经有了 28 万，再过了两天，成员数突破 70 万。人们开始谩骂 Facebook 成了一个偷窥者。

"动态新闻"开放的当天晚上，扎克伯格便做出了回应，但这并没有改变巨大争议的存在，这让 Facebook 的员工们有点恐慌，"动态新闻"的产品经理鲁奇·桑维甚至疑惑是不是该关闭"动态新闻"，但扎克伯格不允许这样做，切断人与人之间的沟通违背了他创建网站的初衷。

扎克伯格不得不发动公司的软件工程师用了 48 个小时来编写新的隐私设置功能，将一些控制权还给了用户，由用户指定自己有哪些新闻能被"动态新闻"发布出去。

那天，学生们的示威活动没有了，隐私控制功能的上线平息了抗议声。

此后，"动态新闻"平稳发展起来，很多大型团体开始冒出来，这要放在以前是绝对做不到的。与"动态新闻"上线前相比，人们在 Facebook 上花的时间更多了。如同扎克伯格预料的，"动态新闻"的出现彻底颠覆了人们以往的交流方式。

扎克伯格在这次事件中的反应是"做了再道歉"，原因就在于他下定充分的决心要将"动态新闻"这一新的沟通交流模式推广开来。即

便面临网络上人数众多的抗议小组，以及现实中学生们到 Facebook 公司外的大规模集体抗议，扎克伯格也没有改变他行动的决心——他已经下狠心要将目标实现。

有人说，只要有恒心就能够成功，事实上不然。比如有人有恒心读书，但每次都注意力不集中，功夫不深，结果做了无用功。因为恒心只是一个过程，太少强调结果。而不注重结果的过程对于成功而言，事实上毫无意义。

要成功，必须有强烈的成功欲望，必须要对自己下得了狠心。置之死地而后生，只有这样才能不断逼迫我们提高个人要求，不断努力，不断进步，不断奋斗。

现实生活中，那些想要的人往往因为期望的强度太脆弱，最终无法面对残酷的现实或自身的缺点的挑战而半途而废；只有那些一定要成功的人，他们因有足够牢固的期望强度，所以能排除万难，坚持到底，永不放弃，直到成功。

雷蒙一直想进入 D 公司。毕业后，雷蒙给 D 公司打了电话，却被告知招聘已经结束了，所有新招聘的员工都已经到岗。"很遗憾，您只有再等下一次机会了。"可是雷蒙等不了，家境清贫，需要他挣钱维系。但是除此之外的工作，他并不想去。——进入著名的 D 公司工作，是雷蒙一直以来的梦想。

雷蒙想了又想，开始了一系列的行动。

他首先给 D 公司主管人力资源的副总发了一封求职信，信中说到他靠打工维持了自己和妹妹的大学学费，给副总留下了深刻的第一印象。几天后，这位副总又在同一天，从所有董事的手里收到了雷蒙用同样的牛皮纸信封寄来的简历。这个幼稚却不失巧妙的"攻关"计划，让副总对这个小伙子产生了一点欣赏和好奇，他约雷蒙来面试。

遗憾的是，面试的第一关雷蒙就没有通过。

雷蒙不死心，又前后三次到公司造访。一个热心的员工被他的执

着感动了，他送给雷蒙一本总裁撰写的有关公司和行业发展态势的著作，并且悄悄地把总裁的电子邮箱告诉了雷蒙。

接下来的日子里，雷蒙用心地攻读总裁撰写的那本书，并且做了详细的读书笔记。很长一段时间，雷蒙向人力副总的邮箱进行集中"轰炸"，一方面汇报自己的学习心得，一方面也表达自己对投身这个行业的满腔热忱和坚定决心。为了表示自己的决心和诚意，雷蒙在邮件的最后一段里主动提出，自己愿意以免薪试用的条件进入D公司见习工作，并请求公司给自己一个机会。

两个多月日复一日的坚持，精诚所至，副总终于被这个年轻人打动了。她安排了雷蒙与总裁的会面。雷蒙如愿以偿地穿上D公司的制服，成了公司有史以来的第一位免薪试用工。

凭借着坚忍不拔的意志和孜孜以求的刻苦，雷蒙在几个月的时间里不仅转了正，而且成了项目组里人们都愿意拉一把，带着他共同进步的"小兄弟"。

比起D公司的其他员工，雷蒙明显是一个学业背景和专业储备都不足的新人。为此，雷蒙的同学好友，在羡慕他能找到这样一个理想的工作之余，常常会向他打听他进入D公司可有什么"秘道"。雷蒙听了这话，总是调皮地一笑："有啊！当然有。那就是在所有的人都绝望的时候，我，还在努力。"

可以看到，雷蒙能走到这一步，靠的就是一股子不达目的誓不罢休的狠劲儿。100％的意愿，决定我们一定能找到100％的方法，因为成功一定有方法。100％的意愿，决定我们一定会采取100％的行动。而第99步放弃，恰恰反证我们仅仅是想要，而不是一定要，即不是真正的100％的愿意。

有人说，年轻人应对自己狠一点。因为只有对自己狠一点，才知道在得失中做出选择，才能敢爱敢恨，敢作敢为，即使所做出的选择要承担更多的痛苦，但是只要那是朝着自己的目标前近的，就应该毫不犹豫，狠下心来去做，直到达成自己的目的。

只有下了狠心，我们才能克服所有的艰难险阻，走向梦想之地。

扎克伯格的智慧

人生路上不如意事十八九，每一件都会成为你成功路上的阻碍。因此，我们要的不是做一天和尚撞一天钟的"恒心"，而是不达目的誓不罢休的"狠心"。

不放弃是通向成功的唯一选择

要想成功，获得荣誉，仅仅依靠梦想这个空架子是不够的，它还需要保持高涨的热情和坚持不懈的努力。

门捷列夫说："天才只意味着终生不懈的努力。"英国政治家迪斯雷利说："成功的奥秘在于坚持不懈地奔向目标。"是的，任何人的成功都绝非偶然，那些在成功路上沉得住气，能坚持到底的人，必然能走到成功的目的地。而那些一遇困难便放弃，或者在困难面前倒下的人，毫无疑问，都不可能享受最终的荣誉辉煌。

在年轻人的天堂——硅谷，从不缺少梦想，更不缺少神话。年轻的扎克伯格能够站在这样的高度，正是源于他对于编程的热爱和专注前行的不懈坚持。对编程的热爱，为他后来走上成功的道路做了很好的铺垫。但一个能成功的人，还要学会抵制诱惑，坚持自己的梦想。这是扎克伯格教我们的又一个启示。

出生在犹太人家庭的扎克伯格从中学起，就显示出对计算机编程的浓厚兴趣和非凡能力。他从小对电脑编程有着异乎寻常的天分，而且在他很小时便发现了自己在电脑编程方面的兴趣特长，并得到了父母的极力支持。

进入高中后，扎克伯格开发的音乐播放程序，被一家著名业内杂志授予三颗星评级，并因此吸引了微软和美国在线等大公司的目光。微软开出285万美元的天价，希望能够将这位极具天赋的年轻人纳入自己的人才储备库。但扎克伯格最终还是决定先实现自己的第一个梦

想——去哈佛大学读书。

2003 年秋天的一个夜晚，在哈佛大学读心理学的学生马克·扎克伯格在他的电脑面前坐下来，开始非常热情地构思一个全新的点子：对于这位曾经拒绝了微软百万年薪的工作而立志于到大学深造的小天才而言，没有什么比他此刻头脑中的计划更刺激：马克要做一个囊括全球所有人的网站，他要大家在上面工作、学习、娱乐、交友……这个梦想也许太过疯狂和不切实际，但是对梦想的执着，让他做了下去。

扎克伯格每年都要给自己制定一个个人挑战，我们这些平凡人称之为"决心"，而扎克伯格的挑战比之更大胆和宏大。2011 年他的挑战是只吃自己亲手屠宰的肉，2010 年他的挑战是要学习中文，再后一年他的挑战是每天坚持戴领带。2012 年，从挑战难度上说，扎克伯格的新挑战介于学习中文和每天坚持戴领带之间。

在他的办公桌上，他用巨幅的"保持专注、继续前行"的标语提醒自己，扎克伯格只是一心一意地去满足用户的社交需求，时时处处，可谓坚持，然而 Facebook 的成功正是这种坚持的胜利。

对于梦想不灭的热情与坚持，更是他一路披荆斩棘的利器。扎克伯格是个天才，但是上天并不会因此为他多开一扇门。和所有人一样，他的创业道路并不是一帆风顺的。自身的纠结与选择、外在的诱惑与陷阱、企业的纠纷与麻烦、管理不易等等，都成为他前进的障碍。而正是他的那份坚持与热情，支撑着梦想的大厦不断加固。

有个记者访问一位世界 500 强的优秀员工："为什么你在事业上经历了如此多的艰难和阻力，却从不放弃呢?"这位 500 强的员工答道："你观察过一个正在凿石的石匠吗? 他在同一个石块的同一个位置上恐怕已敲过了 100 次，却毫无动静。但是就在那第 101 次的时候，石头突然裂成两块。并不是第 101 次敲击使石头裂开，而是先前敲的100 次。"

水烧到 99 摄氏度的时候可能还没有开，这时候如果你绝望了，不愿意再等待了，那么就很容易在几秒钟的差距里与成功擦肩而过。在

绝望的时候，一定要学会多点耐心，再等待一下，再努力一下。

永不退出，永不放弃，这是成功人士在遇到困难时的选择，也是唯一的选择。

老人出现在克里斯眼前的时候，他正准备卧轨自杀。由于经济持续萧条，当时许多美国人纷纷选择自杀，年轻的克里斯也选择这样一种方式来解脱。

"为什么选择轻生？仅仅只是因为没有找到工作吗？"老人问。

"还需要更多的理由吗？"克里斯抱着头，"我大学毕业两年，已经顺着铁路走了二十多个城市了，却养不活自己，你说还有活下去的意义吗？"

"你怎么知道下一个城市的结果会怎样？一直往前走，你会在夜晚赶到那个城市，你会看到一道神奇的光亮向你招手，你会看到一只飞鸟向你飞来！那道光，那只飞鸟向你飞来！"老人好像在背诵童话故事中的精美语言，克里斯不敢相信这话是从以乞讨为生的老人的嘴里说出来的。

深夜，克里斯终于到达老人所说的那个城市，当他走到一个空旷的广场时，已经疲惫不堪，再也不想往前移动半步，他一屁股坐在广场周围的长木条椅上。

"当，当。"突然，他睁开沉沉的眼皮，光，真的有一束光向他投射过来，一只硕大的山鹰展着坚强的翅膀，在光影中向他飞来。他不敢相信自己的眼睛，猛地站起来，又用力擦了擦眼睛。没错，老人没有骗他！第二天，克里斯再次踏上寻找工作的艰辛之路，他相信这座城市会给他带来好运，只因为那道神奇的光亮，那只振翅的山鹰。

20年后的一天，也就是1988年的4月17日，美国阿诺哈公司的243号航班在7000米的高空飞行时，头等舱顶部突然爆裂，飞机瞬间处于失压状态，随时都会被空气撕成两半。

经验丰富的机长凭借高超的驾驶技术和决不放弃的信念，在和气

流、高山、海洋搏斗了 13 分钟后，将飞机成功迫降在毛里岛机场，除了一名空姐被抛出机仓外，其余乘客和空乘人员全部获救。

这是世界航空史上的一个奇迹，驾驶 243 号航班的机长就是克里斯。

当后来记者追问是什么让克里斯如此充满自信成功迫降时，他想都没想就答道："是 20 年前的希诺广场的那道光，那只飞鸟！"其实，那只飞鸟只是希诺广场钟楼上的一个雕塑，每天深夜 12 点，当钟声准时敲响的时候，广场的探照灯就会亮起，照亮那只振翅的山鹰。

存在是因为它合理，遇到痛苦和挫折时，不要轻言放弃，给自己一个继续下去的理由，为了那个不可预知的奇迹！只要你相信，只要你坚持，在克里斯身上发生的奇迹就会再度出现。

小米科技的创始人雷军说："在中国这样的社会，从来都不会缺乏点子，缺少的是执行力。"同样的，梦想成真是一个身体力行的过程，仅仅敢想是不够的，还要以饱满的热情坚持践行。青少年正是爱做梦的年纪，所有的一切看起来都充满着无限可能。但我们不可能将所有的路都走一遍，更不可能从头再来。

选择一条自己热爱的道路，坚定不移地走下去，直至攀上巅峰，切不可三心二意，稍有困难就放弃、退缩。要记住：

1. 越是艰难的时刻，越要努力奋斗。过早地放弃努力，只会使问题更麻烦。遭受严重挫折的时候，要加倍努力地坚持下去。要下决心挺住，并且坚持到底。

2. 要讲实际。对你面临的危机要作实实在在的估计，不要忽视问题的严重性。如果低估了严峻的形势，动手改变局面时就会准备不足。

3. 不要犹豫退缩。要使出所有的全部力量，不要顾虑把力量耗光。成功者总是付出极大的努力，过后还要更加努力。

扎克伯格曾说："一时的灵感和才智起不了大作用，我们需要的是年复一年的实践和工作，任何伟大的事业都需要不断地努力。"梦想成真没有捷径可走，只有以永不熄灭的热情和百折不挠的坚持不断攀爬，

才能一步步登上山巅。在遇到困难、遇到诱惑时，要记得：保持专注，继续前行。

扎克伯格的智慧

　　任何人的成功都绝非偶然，那些在成功路上沉得住气，能坚持到底的人，必然能走到成功的目的地。而那些一遇困难便放弃，或者在困难面前倒下的人，毫无疑问，都不可能享受最终的荣誉辉煌。

一屋不扫，何以扫天下

古人云："不积小流无以成江海，不积跬步无以至千里。"说的就是要想成大事，必须从小事做起的道理。

小石块要一块一块砌结实，才能支撑住那些大石块。如果撤去这些小石块，大石块没有了支撑，自然也就垮下来了。任何一个细微之处都有可能是关键环节，都不可小视，因为它有可能关系到产品与服务的优劣，关系到企业声誉的好坏，关系到个人的职业道德，也关系到个人在行业中的发展前景。小的事情往往能成为大事情的基础，所以只有持之以恒，用一种坚韧不拔的态度把小事情做好，才能成就一番大事业。

Facebook 已经于 2012 年 5 月 18 日晚登陆纳斯达克，此次 IPO（首次公开招股）共发售 4.2 亿股，融资规模达到了 160 亿美元。股票代码 FB，发行价 38 美元，开盘 42.05 美元，收盘 38.23 美元。按此发行价计算，Facebook 的估值为 1040 亿美元，创下美国公司最高上市估值。很快，Facebook 背后的一些有趣的小事开始被人们津津乐道：

Facebook 之前叫作 the Facebook，直到公司首任总裁肖恩·帕克斥资 20 万美元为其买下了 Facebook.com 的域名。

Facebook 的第一个夏天，扎克伯格和家人投入 85000 美金帮公司渡过难关。

帕克说服扎克伯格在网站上添加照片分享功能，虽然当时扎克伯

格表明了拒绝的态度，但是现在它已是 Facebook 最流行的功能之一。

扎克伯格曾同意被雅虎收购，当时的雅虎还是特里·塞梅尔坐第一把交椅。不过因为之后雅虎压价，双方的谈判破裂了。

扎克伯格曾拒绝来自全球第四大传媒集团维亚康姆的收购提议。去和华尔街的投资方见面，扎克伯格只穿着一件卫衣，在整个华尔街可能就他穿卫衣吧。

扎克伯格很早便开始了融资计划，2011 年在 Web2.0 峰会上，讲 Facebook "反社交" 的微软 CEO 史蒂夫·鲍尔默很早便提议全面收购 Facebook。之后在 2007 年，微软斥资 2.4 亿美元收购了 Facebook1.6% 的股份。很明显，这笔投资没到 5 年就翻了 6 倍。

雅虎前高管艾伦·西米诺夫、"苹果" 老将巴德·科里甘和 Open Table 前 CEO 杰夫·乔丹等人都曾想和谢勒尔·桑德博格抢她现在的饭碗。不过最终扎克伯格还是选择了桑德博格担任现在 Facebook 的首席运营官。

扎克伯格在 2005 年参加了 CEO 培训课程。

谷歌当初在上市的时候估值只有 Facebook 的 1/4。支付业务对 Facebook 总营收入的贡献约为 15%（剩余利润主要来自于广告收入）。

Facebook 的工程师待遇很好，在硅谷里名列前茅。扎克伯格说，2012 年每天他都要战斗在编程的战线上。

老子曾说："天下难事，必做于易；天下大事，必做于细。"所有这些小事的积累创造出 Facebook 创世纪的上市神话，在点滴的改善和创造中，Facebook 越来越适合用户的使用需求，越来越能够体现出网络沟通的现实性意义和价值。

很多事情看起来庞大复杂、无法可解，但只要我们稍加留心、勤于思考，我们就会发现，问题就出在小事上面。每个人所做的工作，都是由一件件小事构成的，但不能因此而对工作中的小事敷衍应付或轻视责任。所有的成功者，他们大多与我们做着同样简单的小事，唯一的区别就是，他们从不认为他们所做的事是简单的小事。

把每一件小事、每一个细节做到完美，我们才有机会在未来铸就自己的辉煌。想做大事，首先就得从小事做起。"苹果"迷们都知道，苹果公司每推出一款产品都需要很久的时间，这让无数"苹果"迷们苦苦等待。但是，当一款产品问世后，他们才知道等待没有白费。因为只要是乔布斯经手的"苹果"产品都堪称完美，无可挑剔。

美国《时代》杂志网站某文章称乔布斯为"科技的重新发明者"，但在奇虎 CEO 周鸿祎看来，乔布斯带领"苹果"从 iPod 开始的新创业之路正是从"拾起"未受重视的消费者需求开始的。用乔布斯自己的话来说："微小的创新可以改变世界。"

乔布斯确实非常关注细节，他会趴在电脑上一个像素一个像素地看那些按钮的设计。他曾经跟员工说，要把图标做到让他想用舌头去舔一下的程度。正因为有了像乔布斯这么关注细节的 CEO，"苹果"才有了今天的成就。

2001 年，当微软、戴尔等厂家不屑于进入 mp3 这一领域，认为没有潜力再可挖掘时，后来热卖上亿部的 iPod 音乐播放器横空出世。这个可以装进口袋的小硬盘，外观优雅，功能键便捷，戴上白色耳塞，可以连续听上存储其中的 1 万首歌。同时，乔布斯说服大音乐公司以每首歌 99 美分的价格出售音乐，并建起了 iTunes 在线音乐商店。

2007 年，iPhone 问世。截至 2010 年年底，"苹果"已经在世界各地卖出了 9200 万台 iPhone，如今 iPhone 被戏称为"街机"。iPhone 基本上是一款手持电脑，创新触摸屏集合多种功能，硬是打败了黑莓、诺基亚和摩托罗拉等传统手机制造商。

2010 年，iPad 如期而至，我们同样不得不佩服苹果公司在产品细节上的精准把握：按键的设计、图标飞出的动画特效、删除应用程序的方式、快速进入相册的鲜花图标等等，更重要的是，iPad 的触摸体验是所有的触屏产品中最好的，错误率极低，大幅度地提升了文字输入和游戏的体验。

在"苹果"，即便是新产品的一切工作都已完成，只待发布的时候，乔布斯也会仅仅因为一个不起眼的细节——还有两颗螺丝暴露在表面而要求一切推倒重来。正是这个残忍的标准成就了"苹果"一个个令人惊叹的产品。

从 iPod、iPhone 再到 iPad，"苹果"稳步迈向全球市值最大企业的王座。乔布斯注重产品的每一处细节，让"苹果"用户得到最完美的体验，因此，成就了今天的"苹果"。乔布斯所说的"改变世界"并不是一句空话，只是改变的每一步都可能是微小的。

可能有人会说，成大事者不拘小节。他们眼里只会看到一些重要的事情，觉得那些小事根本没有意义。其实不然。试想，如果你连小事都做不好，又怎么能把大事做好呢？正像那句名言所说："一屋不扫，何以扫天下？"

只要你留心观察，就会发现我们身边有许多这样的人：他们不见得有很高的学历、聪明的头脑和过硬的后台，但他们谦虚、低调，留意生活的每一个小事，善于观察与思考，从别人的点点滴滴中学到有益的东西。就是这些看似不起眼的细微之处，决定了他们跟其他人的距离。

每个人所做的大事，都是由一件件微不足道的小事构成的，因此我们对工作和生活中的小事绝不能采取敷衍应付或轻视懈怠的态度。很多时候，一件看起来微不足道的小事，或者一个毫不起眼的变化，却能实现人生中的一个突破，甚至改变我们的方向。所以，在前进的道路上，对每一个变化、每一件小事我们都要全力以赴地做好。

扎克伯格的智慧

一屋不扫，何以扫天下？每个人所做的工作，都是由一件件小事构成的，因此不能对工作中的小事敷衍应付或轻视责任。

忠告七：
与人牵手，快乐合作

人脉是我们走向成功的资本

不要让自己孤军奋战

化敌为友，明智之举

"忘年交"——可遇不可求

取人之长，补己之短

人脉是我们走向成功的资本

西塞罗说:"世界上没有比友谊更美丽,更会令人愉快的东西了,没有友谊,世界仿佛失去了太阳。"爱默生说:"我们想的是如何养生,如何聚财,如何加固屋顶,如何备齐衣衫;而聪明人考虑的却是怎样选择最宝贵的东西——朋友!"

同学和朋友是人生的第一桶金。从你上幼儿园开始,这两种人就开始伴随你的左右。他们是你人生中最为长久和纯粹的关系和财富。一个人的成功,离不开同学和朋友的帮助。或多或少,他们都会让你的路变得更宽广,更平坦,甚至会成为你万事俱备下的那一缕东风,成为你点燃梦想、走向成功的关键。

年轻的扎克伯格是一个天才没错,但是光有这些是不足以完成他征服世界的梦想的。当时在哈佛上大学的他,想到了和自己的同学萨瓦林来共同实践自己的理想。

2004 年 1 月 11 日,马克·扎克伯格花费 35 美元建立了一个网站,准备将哈佛宿舍里的花名册搬到互联网上。这便是后来的 Facebook,但当时只是冰山一角。花名册只是皮囊,构建基于真实世界的社交网络才是马克·扎克伯格的本意,他要在互联网上打造一个全新的世界,让那些对同学照片想入非非的哈佛学子们感觉更棒。

创办这样一个网站无疑需要更高级的硬件支持,最起码要有一台可靠的服务器代替扎克伯格的个人电脑,后续运营也是一笔开支。扎克伯格认为;无论是财力还是精力,单靠自己一人无法完成。

扎克伯格找到一个创业伙伴爱德华多·萨瓦林。此人出生于巴西富商家庭，属于学生中的富人，热衷交际，擅长沟通，是个受欢迎的家伙，他对赚钱有着天然的兴趣和敏感，对技术却一窍不通。扎克伯格与萨瓦林达成共识，两人各投资1000美元作为启动资金，持股比例二比一。扎克伯格负责与技术有关的所有工作，萨瓦林负责财务，以及技术外的所有事务。

就这样，在萨瓦林以及其他朋友的帮助下，扎克伯格的网站快速发展起来。同学和朋友，一直是扎克伯格事业中不可或缺的财富。

后来，网站上市之后，一些人将焦点转向了他们二十几岁的年龄。这一切都彰显着不成熟和不靠谱，给扎克伯格带来了很大的困扰。这时候，他的网站主管兼好友詹姆士·布雷耶对他表示了坚定的信任和支持，他说：年龄不重要，重要的是技术、热情、强烈的好奇心、超高的智商。

几乎所有的创业者在最初创业时，都会像扎克伯格这样，会把同学和朋友列为自己的创业合伙人。也许每个人都会为了生存、发展、实现人生目标不得不戴上虚伪的面具，披上社会的外衣，但同学和朋友永远都是你最值得信任的人，是你一生的财富。

同学见证了我们最真最纯的自然属性，同学情是我们一生中最珍贵的感情，因为它至真至纯。同学见证了我们学生时代的成长历程，无论走向社会的你贫穷还是富有，权势还是草根，同学相见，大家永远都是脱下社会的外衣，怀着一颗赤条条的心，不问官职，无论长幼，直呼其名，还是学童时的模样，还是那时的倔脾气。

而朋友便是那些懂你、支持你的人。无论什么时候，他们都会默默地站在你的身边。在你困难的时候，他们会伸出援助之手；在你风光的时候，他们真诚为你微笑；在你迷茫的时候，他们鼓励你继续前行……

一个人的成功，离不开身边朋友的帮忙。或多或少，他们都曾经在你的路上留下不可磨灭的印记。而每个伟大的人，无论他有多么孤

僻自闭、性情暴躁、脾气古怪，都会有自己的朋友甚至知己。正因如此，他们才能在自己的道路上不再孤单，才能坚持到最后。

多看科技的创始人王川，几乎就是靠着好友雷军的鞭策和支持走上创业道路的。王川和雷军认识得很早，两人一直都是很好的朋友。

王川最大的爱好就是读书，他是一个电子书迷。刚开始，他用的电子书是亚马逊的Kindle，这也是全球电子阅读器的鼻祖和王者。但是因为种种原因，这款电子阅读器迟迟未能在内地销售。

人总是喜欢钻研自己感兴趣的东西，使之不断变得完美。于是，王川开始琢磨怎样叫这款软件变得更适合中国人使用，并渐渐地萌生了创业的念头。他第一个想到了好朋友雷军，知道他一定会支持自己。

2009年10月的一天，王川对雷军说："我决定做电子书！我知道，现在做电子书的企业已经很多了，但我真的很想试一试。尽管我自己心里也没底，但还是要请你帮我一把！"雷军当时的想法就是宁肯赔了一百万，也不能赔了一个好朋友。于是，便对王川说："行，你做吧。我支持你！"

王川咬咬牙说："我也不能保证一定能做好，反正我会好好做的。你把钱给了我，就当这些钱已经没了吧！"王川既没有告诉雷军这个过程要怎样开始，也没有解释要怎么赚钱。虽然事情看起来很不靠谱，但雷军还是毅然决然地投资他做起了电子书。

2010年，在雷军等人的支持下，王川创办了"多看科技"，注册资本是1000万元人民币。王川的"多看科技"很快就从当初十几个人的队伍发展到了几十人的团队。王川也不想像一些大公司那样给自己制订明确的计划，他喜欢边看边走，不断地调整战略。但这样的思路，很多投资人是不能接受的，但雷军依旧支持他。

多看科技能够走到今天，雷军发挥了很大的作用。雷军给王川带来的，不光是资金上的支持，还有人脉和经验，最重要的是在王川面临困境的时候，他坚定不移地站在他的身边支持他。而在雷军开始研

发"小米"的艰难时刻，王川也给予他无私的支持和帮助，在小米手机发布的第一天，王川和雷军的诸多好友都去现场为他加油打气。

同学和朋友的交情，不仅仅体现在物质方面的帮助上，更应该注重思想感情、注重精神层面的交融。有一批意气相投的同学和朋友，常在思想感情上相互关爱、相互支持，可以使人精神饱满，促进人的身心健康。性情孤僻、缺朋少友的人，缺乏与人的交往，缺少友情的关爱，在心理上很容易走向极端，极易染上心理方面的疾病。

俗话说人脉即财富，同学和朋友是人生最坚实的人脉，必然也成了实打实的财富来源。同学和朋友所带来的友谊是无价之宝，是养生良药，是一生享用不尽的巨大财富！

你们正值青春年少，而这个时候的友谊将是最为纯洁、长久和珍贵的。因此，要珍视身边的同学和朋友，真诚待人，寻找志同道合的朋友；要拥有一点点侠义精神，为自己积累人生的战友。只有这样，你们才能在未来的道路上拥有别人更多的选择、更宽的道路；只有这样，你的梦想之路才不会孤单，你才能走得更远！

扎克伯格的智慧

同学和朋友是人生的第一桶金。从你上幼儿园开始，这两种人就开始伴随你的左右。他们是你人生中最为长久和纯粹的关系和财富。一个人的成功，更是离不开同学和朋友的帮助。

不要让自己孤军奋战

常言道，一个篱笆三个桩，一个好汉三个帮。人总是生活在一定的社会关系中，无论是物质生活还是精神生活，都不能孤立地进行，必须互相依存，互相交往。于是在客观上就会产生这种互相交往的需要。生活中没有友谊是不可想象的。同时，友谊又是一种最美好的情感，俄国大诗人普希金在一首诗中说："不论是多情的诗句、漂亮的文章，还是闲暇的欢乐，什么都不能代替无比亲密的友谊。"

但是你要知道，朋友的友谊并非绝对志同道合。要共同成就事业和人生，就必须有志同道合的朋友。朋友们都可以在你的身边支持你，但是真正能在你的事业道路上给你助力的朋友，一定会是那些和你有着相似甚至相同志趣的人。

说到这里，我们不得不提起一个只在 Facebook 待了一年却依然名列扎克伯格身边 30 位关键人物的"鬼才"肖恩·帕克。

对 Facebook 的发展历程来说，"硅谷鬼才"帕克的重要性怎么说都不为过。和扎克伯格的阳光形象不同，帕克是个拥有巨大争议的人物。他个人才华横溢，创业嗅觉绝佳，倾倒硅谷各界，但生活上又声色犬马，性格喜怒多变，最后黯然离去。可以说，他是个开国辟疆的猛将，却绝非守业治国的好手。尽管如此，并不影响两人之间的深厚友谊。

和扎克伯格一样，帕克也是个电脑天才，才华相比毫不逊色。1979 年，帕克出生于美国弗吉尼亚州的一个科学家家庭。帕克在 16

岁那年就一举成名，他故意入侵财富 500 强公司网站寻找系统漏洞，但并非企图谋利，而是想证明自己的黑客才华。由于不知情的父亲拿走电脑导致 IP 地址泄露，帕克被联邦调查局抓了个正着。

因为未成年，帕克并没有被判入狱，但这件事却影响了他的学业。勉强高中毕业后，帕克再也不愿意去上大学，而是开始了自己的创业之旅。1999 年，20 岁的帕克从东海岸只身跑到加州旧金山，和肖恩·范宁共同创办了音乐下载网站 Napster。Napster 成立第一年就吸引了几千万用户，帕克一举成了全球黑客的偶像。免费分享和下载音乐或许符合黑客精神，但却引发了唱片公司的愤慨与诉讼。而帕克却对法律风险毫无感觉，在多次发表不当言论后，他被合伙人一脚踢出了公司。

随后帕克又创办了第二家公司 Plaxo，他颇具创意地重新整合了通讯录服务。但帕克很快就管不住自己，他经常毫无缘故地消失多日，也经常将答应的事情忘得一干二净。创业伙伴和投资者忍无可忍，最后只能逼帕克走人。

2004 年，帕克偶然发现刚刚起步的 Facebook 网，嗅觉敏锐的他立即判断出其中的巨大潜力，他主动联系当时还在哈佛上学的扎克伯格，志趣相投的两人在纽约见面之后相见恨晚。当扎克伯格搬到硅谷后，又再次偶遇闲逛的帕克；扎克伯格随即邀请帕克加入 Facebook 网，出任了网站第一任总裁。

帕克对 Facebook 社交的网前景充满信心，在网站早期发挥了难以估量的作用：是他以半威胁的态度逼迫犹豫的扎克伯格放弃学业，全职投入网站的迅猛增长；是他制定了有利的融资结构，与风投基金寸土必争，确保扎克伯格在多次融资之后依旧牢牢掌控公司。

但在为 Facebook 网做出巨大贡献后，帕克依旧管不住自己的行为。他又经常无故消失，几乎不接电话，这让 Facebook 网的员工和投资者非常反感。2005 年，帕克因为家中发现毒品再次被捕，在员工和投资者的压力下，帕克只能选择辞职。

虽然迫于社会压力从 Facebook 辞职，但帕克实际上并未离开这家网站。他依旧持有 Facebook 网的大量股份，他和扎克伯格保持着极好的私交，经常就网站发展提供自己的建议。可以说，没有帕克，就不会有 Facebook 网的一统天下。他给初出茅庐的扎克伯格制定了努力方向，为 Facebook 网指明了发展战略。从某种意义上来说，帕克是扎克伯格幕后的顾问。

帕克对于扎克伯格事业上的帮助并没有因为他的离职而中断，而会伴随着两人的友谊一直持续下去。而这一点的关键就在于他们志趣相投：扎克伯格和帕克同样热爱电脑和编程，同样拥有对 Facebook 的坚定信念和高人一筹的奇思妙想！

志同道合的朋友会比普通朋友更懂你，更能了解你的价值观和目标追求。类似于扎克伯格需要感谢帕克的帮助，马云也需要感谢杨致远这位志同道合的朋友的存在。

当杨致远创立雅虎的时候，31 岁的张朝阳从麻省理工学院毕业后还在瞎混，31 岁的马云刚刚知道什么叫互联网。马云年青时的偶像就是杨致远。1995 年，马云曾在杭州向企业推销一种现在已经十分普及的产品——网络页面，他内心的目标就是要把"中国黄页"做成中国雅虎。

十年后，马云麾下的阿里巴巴已小有名气。2005 年 4 月，杨致远重新打开邮箱，回复了 6 年前马云的一封邮件，那是在阿里巴巴刚刚创立时马云写给他的。在邮件中，马云问杨致远："你觉得阿里巴巴怎么样？也许有一天阿里巴巴和雅虎这两个名字配在一起会很好。"杨致远斟酌良久，回复说："阿里巴巴和淘宝做得很好，有机会想跟你谈谈互联网的走势。"

2005 年 5 月，马云与杨致远相遇于美国高尔夫球场。球场上，大家忽然要打个赌，让 UT 斯达康中国公司 CEO 吴鹰跟马云比赛打定点，看谁打得远。只有杨致远一个人赌马云赢。结果这一杆吴鹰打空，

瘦小的马云真的赢了。打完球，杨致远就不放过马云了。加州的风很大很冷，杨致远笑着与他并肩而行说："我们把交易定了吧。"

此后尽管历尽波折，杨致远和马云几乎是并肩而行。随着杨致远在雅虎管理层逐渐边缘化，马云和雅虎的关系也日趋紧张，不对等的"婚姻"对双方都是折磨。2010年后，两方关系急转而下。根据协议，从2010年10月开始，持阿里巴巴集团39.0％经济权益的雅虎，其投票权从35％增加至39.0％，而马云等管理层的投票权从35.7％降为31.7％，软银保持29.3％的经济权益及投票权不变，雅虎成为阿里巴巴真正的第一大股东。

在和杨致远的雅虎签约时，马云开玩笑说，自己追杨致远足足追了7年。实际上在1998年第二届世界计算机博览会演讲前后，马云曾陪伴杨致远游览长城。这也是比杨致远年长四岁的他和杨致远多年亦师亦友关系的开始。没有杨致远，马云或许还在教书呢。2005年7月1日，在比尔·盖茨和沃伦·巴菲特的私人聚会上，马云和杨致远还曾携手参加。很难想象，没有杨致远，马云是否有这样的机会。

找几个志趣相投的朋友，让他们参与到你的事业当中来，你将会走得更加轻松，离成功更近一些。志趣相投的朋友比其他的朋友对你的事业和人生更有帮助。

首先，只有知趣相投的朋友才能够懂你，真正地了解你心中的想法，给予你最想要的帮助。人与人能否成为至交好友，很关键的一点就是知心。他们能理解别人不能理解的东西，从力量到信念。

其次，只有志同道合的朋友，他们才具备帮助你成就事业的能力和条件。因为他们同样热爱着你所热爱的行业，他们比别人掌握了更多的知识和经验，比别人的认识更加深刻，见解更加独到。比如一个厨师去找一个做理发师的朋友帮忙打下手，无疑是越帮越忙。但若是找一个同样是厨师的朋友帮忙，就会事半功倍。

再次，正因为这些人和你一样对你的事业所在的领域拥有无限的激情和热情，他们更愿意以一种轻松的心态投入到你的事业当中来。

这样的合作谈不上是谁在帮谁，因为你们彼此都在这个过程中成长，获得愉悦和成就感。而这种帮忙不但不会让你感觉欠人情，你的朋友也会因为喜爱而乐此不疲，你们之间的友谊将会因为一个共同的梦想而变得异常稳固。

在不断寻找朋友的时候，要有意识地为自己找几个志趣相投的朋友。年少的时候，或者时机不成熟的时候，可以和他们谈谈理想，谈谈爱好，共同进步；时机成熟的时候，可以去一起成就一番事业。

扎克伯格的智慧

找几个志趣相投的朋友，让他们参与到你的事业当中来，你将会走得更加轻松，离成功更近一些。志趣相投的朋友比其他的朋友对你的事业和人生更有帮助。

化敌为友，明智之举

俗话说："明枪易躲，暗箭难防。"每一个人在走向成功的道路上都会面临阻碍丛生的困境，除了本身的自然条件或者机遇的时运不佳，更多的是因为隐藏在你背后的人为敌人不胜枚举，他们总是会有意识地制造一些麻烦来为难你，破坏你的计划。

固然一个人可以取得事业或者人生的胜利，但更多的辉煌业绩多少还是需要一些真诚朋友的支持和帮助，一起来解决那些处处对己不友善的敌人在成功路上的较量问题，因为靠一个人单打独斗获得丰功伟绩的甚是少数，所以问题的关键就是怎样处理好社交圈子里朋友和敌人的关系。

与其多一个敌人，为什么不能化敌为友，多交一个朋友呢？

多一个朋友多条路，多一个敌人多堵墙！一个拥有最多朋友、最少敌人的人，才是真正的强者。这种人绝少会遭人嫉妒与憎恨，比他人更容易取得成功。即使他处于不顺的境地，也能获得众人的同情。

Facemash 的上线使扎克伯格兴奋不已，但随后出现的事情却是扎克伯格从来没有想到的。

扎克伯格需要去参加一门课程的会议，去之前他把 Facemash.com 的链接发给了一些朋友。但显然，他们中有些人已经把这个链接转给了他们的朋友。在这个过程中的某个节点上，它积聚了自己的力量。从程序追踪来看，这个链接似乎已经被转发给了好些不同的电子邮件列表——包括校园里某些学生团体所管理的列表、跟政治

学院有关的每个人、拉丁美洲女子问题组织、还有哈佛黑人女子协会，它还被连到了某些宿舍的公布栏上。

两个小时的时间，Facemash变得无处不在。一个你可以比较两个本科生女孩的照片的网站，投票选出谁更辣一些，然后再观望着一些复杂的运算法则算出谁是校园里最辣的妞儿——这种搜索对比像病毒一样在整个校园里流传着。

当扎克伯格回到柯克兰的宿舍时，他打算要做的事情就是放下背包，查看电子邮件，赶快去食堂。但当他回到卧室时，他的注意力立即移到了他桌子上仍然开着的手提上。让他吃惊的是，屏幕冻结了。很快拉丁美洲女子问题组织和哈佛黑人女子协会的成员开始提出反对的声音，他们认为扎克伯格的网站曝光了一些女生的照片是不尊重女性的行为。在Facemash上线后的第二天一早，这两个协会的成员在柯克兰宿舍的门前拉起了抗议的横幅。假如扎克伯格在Facemash上保留农场动物的相片，他很可能就不会遭受到眼前尴尬的一切了。

前一秒成功，后一秒失败，面对突如其来的打击，扎克伯格显得一时难以接受——他昨天还沉浸在网站成功的兴奋之中。不过扎克伯格并没有觉得事态有多么严重，当晚他还在宿舍里开了一个小的庆祝会，庆祝自己没有收到较重的惩罚。

对于前面两个认为自己受到了侵犯的女性团体，扎克伯格选择了公开道歉，称自己只想将这个网站作为一个计算机课题，而没有歧视任何人的意思。Facemash风波之后，扎克伯格还成了哈佛校园的大名人，人们都开始知道，他能搞出些与众不同的新花样。风波过后，找马克·扎克伯格合作的人多了起来。哈佛黑人女子协会请他帮忙创建协会网站，后来他通过参与创建哈佛黑人女子协会网站而与这个团体冰释前嫌。

我们都知道，没有人能得到世界上所有人的爱，每个人都有敌人，即便是扎克伯格也不例外。在自己满怀信心终于做出点什么的时候，也会有人出现浇来一盆透心凉的凉水。但是我们还是可以通过努力，

获得尽量多的人的爱。扎克伯格和哈佛黑人女子协会从闹得不可开交到后面冰释前嫌就是最好的证明。

通过做出道歉，扎克伯格获得了颇有微词的哈佛黑人女子协会团员的原谅，再从实际出发给她们提供网络上的帮助，从而彻底征服其内心。同时，那些原本就站在扎克伯格一侧的支持者，更加对这位科技天才仰赖有加。

在我们最需要帮助时，没有人希望自己身边出现的人是自己的敌人。因此，多一个朋友，远不如减少一个敌人好。只要我们主动伸出和解之手，化解彼此心中的疙瘩，我们可能就会减少一个敌人，增加一个肝胆相照的好朋友。

从前有一片大森林，那里有一个男孩叫斑卜，他以打猎为生，经常在密林中安装捕兽套子。由于他安装的地方是野兽们经常出没的路线，几乎每天都有收获。有一天，他又去收套子，却发现套子上只有动物脱落的毛，动物已经被人取走了。斑卜很生气，于是他就在纸上画了一张很生气的脸，放在套子上。第二天他又去收套子，发现套子上有两片大树叶，树叶上画着一个圈，圈子里有房子，房子旁边还有一只狂吠的狗。斑卜不知道是什么意思，他想：为什么别人拿走了我的动物还要画图呢？他觉得应该和这个人见面说理，于是他就画了一个正午的太阳，还有两个人站在捕兽套边。

第三天中午他又来到了这里，看到一个浑身插满了野鸡毛的印第安人在那里等他。他们彼此语言不通，只能通过手势来对话。印第安人用手势告诉斑卜："这里是我们的地盘，你不可以在这里装套子。"斑卜也打手势说："这是我装的套子，你不能拿走我的果实。"

两个人都感觉出对方有些恼怒。斑卜想，与其多一个敌人，还不如多一个朋友，于是他就大方地将捕兽套送给那个印第安人了。后来有一天，斑卜打猎时遇到了狼群追赶，被迫跳下了悬崖。等到他醒来的时候，他发现自己正躺在印第安人的帐篷里，伤口上还有印第安人

给他上的药。此后他就成了印第安人的好朋友，和他们生活在一起，共同打猎。

虽然斑卜和印第安人差点因为地盘以及猎物的归属问题产生争执，但斑卜意识到不能因为一点小事给自己平添敌人，因而靠自己的大方化解了双方争执。生活中我们难免会遇到被人慢待甚或轻侮之事，对此不要介意。因为你原谅了别人，就会多了一个朋友而少了一个对手。

一个人取得成功的最坚强的后盾，就是处在众人温暖的怀抱中，获取尽可能多的人的好感。但是，有些能力很强的人常常对自己钟情的人判断失误，因为说了不得体的话，做了不合分寸的事而激怒了其他人，使自己陷入一种不知何去何从的迷惘中。

日常生活中无意间表示的意见常常比蓄意的批评更伤人，跟我们有感情的人、共同生活的人往往不知道随便一句话就能造成刻骨铭心的伤害。要想得到周围的人的拥护，你必须得与周围的人合作，少树仇敌，干好每一件事情。

扎克伯格的智慧

多一个朋友多条路，多一个敌人多堵墙！一个拥有最多朋友、最少敌人的人，才是真正的强者。这种人绝少会遭人嫉妒与憎恨，比他人更容易取得成功。

"忘年交"——可遇不可求

在各种各样的友谊当中，"忘年交"无疑是最难得的一种。"忘年交"不外乎就是青年人和老年人之间所结交的朋友。虽然这表面上看来是两代人，明显存在着年龄、时代背景等诸多方面的差异，但是，因为他们的兴趣、爱好等相似或相同，即投缘对意，有其共同的理想、理念，话语投机，就很有可能成为"忘年之交"。

一旦获得这种感情，将是弥足珍贵的。和有经验的人一样，"忘年交"的朋友也会成为你人生的导师。但是，二者显然是不一样的。有经验的人可能趋向于在处理某些事情上的指导，尤其是在他擅长的领域里；而"忘年交"则会在将他整个人生的感悟和你分享的同时，还给你亲人长辈无法给予的温暖和关怀以及理解。

有幸拥有"忘年交"的人是幸福的，扎克伯格就是这些幸运者当中的一员。虽然 Facebook CEO 马克·扎克伯格与华盛顿邮报公司董事长兼 CEO 唐纳德·格雷厄姆年龄相差 39 岁，而且两人分属于新旧两大媒体阵营，但他们却建立了非常密切的友谊并相互学习，树立了一段令世人羡慕的忘年之交。

唐纳德·格雷厄姆算是 Facebook 的老用户了，共有 4888 名朋友，分享的内容也多种多样，包括去除文身、对华盛顿红皮橄榄球队的喜爱以及他最喜欢的木偶歌。这位 66 岁的华盛顿邮报公司 CEO 与此中的一名朋友分享的信息尤其多，他便是 Facebook 首创人马克·扎克伯格。

两人的见面也相当有意思。华盛顿邮报公司有一名高管的女儿曾经在哈佛年夜学念书，在她的引荐下，格雷厄姆与扎克伯格 2005 年在华盛顿邮报总部相识。两人一见面便有相见恨晚的感觉，看见对方都不觉眼前一亮。初次见面，扎克伯格向格雷厄姆介绍了当时仍在寝室里运营的 Facebook。格雷厄姆回忆说，他那时立即就想投资，他说："这是我一生中唯一一次想做的风险投资。"

扎克伯格对互联网的深入了解使之成为格雷厄姆通往数字领域的领路人，尽管他的年龄足够给 27 岁的扎克伯格当父亲了。"巴菲特很奇特，但扎克伯格是另一种作风的顾问。"格雷厄姆说。

扎克伯格也帮助格雷厄姆参谋过多个网络项目，希望帮助华盛顿邮报公司充分应用 Facebook 和其他社交媒体网站的力量。

例如，该公司 2010 年夏天启动了一个名为 Trove 的项目，允许用户环抱本身的兴趣树立新闻网站，并以 Facebook 中的数据作为动身点。当格雷厄姆告诉扎克伯格 Trove 的安排环境时，他们还配合探讨了这项技巧的其他使用方法。

扎克伯格则向格雷厄姆寻求深刻的意见。格雷厄姆回忆道，当 Facebook 2007 年开始扩大时，扎克伯格给他发邮件说："我现在是 CEO 了。我想追随你几天，看看你都干些什么。"在获得格雷厄姆允许之后，扎克伯格真的到格雷厄姆位于华盛顿的办公室参观了好几天，他列席了高层会议、投资者年夜会和新闻宣布会。除此之外，他常常静静地坐在华盛顿邮报公司总部大楼第 9 层的格雷厄姆办公室里。"很好玩。"格雷厄姆说。

扎克伯格和格雷厄姆两个经历完全不同的人却找到了最完美的沟通方式。他们都是那种不喜欢循规蹈矩的人，而经历时代的不同也让他们两个可以以两种不同的视角看待问题。然而对于媒体事业的热爱、事业的成功，却又是他们的共通点。求同存异正是这对好朋友友情最坚实的基础。

虽然扎克伯格和格雷厄姆年龄相差近40岁，但是这并不能阻止他们的相互交流和相互学习。自2009年起，格雷厄姆开始担任Facebook董事。格雷厄姆的许多想法和问题都喜欢征求扎克伯格的看法。同样，扎克伯格也会咨询格雷厄姆。他们的关系亲近，重点都在于贸易问题和一些两难困境。随着格雷厄姆与扎克伯格之间的友谊不断发展，格雷厄姆在科技行业的交际圈也得以扩大。例如，亚马逊CEO杰夫·贝佐斯曾经建议格雷厄姆聘用亚马逊前高管拉文德兰。格雷厄姆还计划带领一批公司管理人员飞往硅谷，会见科技行业的高管和意见领袖。这无疑为对方事业的进一步发展提供了更多资源。

毋庸置疑，青年人交上老年人朋友，能够从老年人的身上学到很多极为宝贵的经验，以此来弥补自己的某些缺陷与不足，丰富知识、吸收阅历，逐步使自己走向成熟，健康地成长起来；而老年人交上青年人朋友，也会从青年人的身上学到、看到希望的阳光，仿佛浑身充满了青春般的活力，找到了自己从前的影子。值得一提的还有巴菲特和盖茨相差25岁的完美忘年交。

靠华尔街成为"巨富"，大家都会想到沃伦·巴菲特和比尔·盖茨。因为毋庸置疑，巴菲特是曾经的全球第二富豪，当时的"首富"是微软的比尔·盖茨。

但很多人所不知道的是两人是好朋友，经常一起打桥牌，现在盖茨还是巴菲特投资旗舰伯克希尔哈撒韦公司的董事。如果说盖茨是20世纪信息产业狂潮中的赢家，那么巴菲特就是在资本市场点石成金的终极典范。

55岁的盖茨与80岁的巴菲特之间19年的情谊说起来要归功于盖茨的母亲。盖茨和巴菲特以前并不认识，直到1991年7月，盖茨的母亲打电话让他去参加西雅图地区的一个社交活动，那次活动有巴菲特参加。盖茨本不愿意去，他认为去了可能也就说上两三句话，然而那

天他们愉快地谈论了几个小时。几天以后，巴菲特买了盖茨推荐的微软公司和英特尔公司的股票，至今他还保留着这些股票。

虽然年纪相差较大，但这并不妨碍巴菲特和盖茨有很多共同的爱好。他们都不在乎自己的穿着仪表，也从不摆亿万富翁的架子，巴菲特说："我们并不想成为人们想象中有钱人的样子。"不过他们最大的相同点应该是两人对财富的态度，2006 年 6 月 25 日，巴菲特宣布把 300 多亿美元捐献给盖茨基金会就证明了这一点，使得该基金成了世界上最大的慈善基金之一。把一生的巨额所得用于这样长期的慈善投资，足以看出他对盖茨的了解和信任。

相互的欣赏和帮助使比尔·盖茨和巴菲特获得难得的人生知己，即便是接近 20 年的年龄差异也不能分隔两人的互相欣赏。

有人曾经问，在微软之外，谁是你最欣赏的 CEO？比尔·盖茨回答道："巴菲特，这个家伙善于思考，我喜欢思考的人，他们绝不落于传统智能的俗套。"而巴菲特号称自己和比尔·盖茨是一对奇怪的组合，他在 1992 年《福布斯》的一次采访中赞美比尔·盖茨说："我的能力不足以评论他在科技上的成就，但我觉得他有高人一等的商业头脑，如果比尔·盖茨卖热狗，一定会变成热狗王，他是百战百胜型的人物。"

可以看出，"忘年交"常常是一种互补的关系：年轻的可以分享年长者的人生经验和智慧，年长的可以从年轻人那里获得新知和活力。"忘年交"其实也是一种跨文化交流，健康的"忘年交"可以使人的精神世界变得更加丰富和美好。

青少年在与年长的人交谈时，可以在基本的利益范畴内放松一些，善于表达自己的想法，因为灵魂和思想的碰撞是"忘年交"产生的一个最重要的因素。而现在的网络也为这种奇妙的友谊的产生提供了沃土。在网络上，由于彼此不知道对方的年龄，交谈的时候都会下意识地将对方当成是同龄人，这就避免了面对面时，可能因为对方是长辈

而拘谨，不敢表达自己的想法的情况。

　　对于生活中可能存在的忘年交，我们要珍惜这种情感，使之成为人生道路上一笔不可多得的财富。

扎克伯格的智慧

　　在各种各样的友谊当中，"忘年交"无疑是最难得的一种。我们要寻找并珍惜自己的"忘年交"，让他们成为自己的领路人。

取人之长，补己之短

我们每个人都有自己擅长的事情和不擅长的事情。既然我们说要找到自己的兴趣和天赋所在，发挥我们的优势，那么我们必然也要在弥补缺陷方面付出较多，使短板更长。而有时候，有些缺陷几乎是无法补足的，即便花了精力也不一定有用。那么，我们就有必要找到一个甚至一些能和我们优势互补的牛人来补足我们的短板。

和所有人一样，天才扎克伯格也有自己不擅长的事情。这个个子不高、身材瘦削、浓密的棕色卷发下是一张长满雀斑的脸的人，有些像古希腊雕塑中的经典人像，他即使在冬天也脚踩橡胶凉鞋，套着一件图案或文字出乎意料的 T 恤，一副典型的"宅男"装扮，形象十分古怪。他性格孤僻，不善交际，随时会造成冷场以及尴尬的局面；他太年轻，很多事情并不能处理适当……

但所幸的是，他的身边有一群朋友，刚好弥补了这些缺陷，填上他以及他给 Facebook 带来的缺陷。然而对扎克伯格帮助最大的无疑是雪莉·桑德博格，他们之间的合作就像是一对相契的齿轮，将一切处理得完美无缺。

雪莉·桑德博格 1969 年出生于美国华盛顿特区一个商人家庭。她从小天资聪颖，学业始终数一数二，以全优成绩获得哈佛大学经济学学士学位。哈佛著名经济学家、后担任美国财政部长的拉里·萨默斯非常赏识她，亲自推荐雪莉·桑德博格进入世界银行工作。

2001 年，雪莉·桑德博格进入当时还是一家创业公司但前途无量

的谷歌，随后担任负责网络销售的副总裁。她伴随着谷歌从创业公司成长为网络巨头，经历融资上市收购等重大事务，成为谷歌地位最高的女高管。在谷歌上市时，雪莉·桑德博格也利用自己在政商两界的良好关系，在路演等过程中发挥了重要的作用。

在 2007 年的圣诞派对上，扎克伯格主动上前向 38 岁的谷歌全球网络销售与运营副总裁雪莉·桑德博格自我介绍，由此展开了之后数次紧追不舍的见面，每一次扎克伯格都要再问一遍雪莉·桑德博格："你什么时候过来和我们一起工作？"在《Facebook 效应》一书里统计说，两个人就此事一共进行了约 50 个小时的谈话，直到 2008 年 2 月，双方确认了彼此的合作关系。扎克伯格认定，自己善于分析和专注于战略，而雪莉·桑德博格擅长管理企业，两种特长加在一起将产生强烈的化学反应。

对于已经帮助谷歌创建了盈利模式并大获成功的雪莉·桑德博格来说，Facebook 是一个有趣的挑战；而对扎克伯格来说，雪莉·桑德博格可能出现在了他最需要的时候。面对他的社交网络帝国的急剧膨胀，23 岁的技术天才显然并不能成为管理公司的最好人选，他连与人交往的技能都使用得不怎么熟练，那时的扎克伯格还经常向不懂网络的官员摆臭脸。

雪莉·桑德博格来到 Facebook 之后，给这家社交网站带来了立竿见影的影响。2008 年，Facebook 广告收入还不足 3 亿美元，而 2011 年这一数据已经超过了 30 亿美元。三年内收入增长九倍，雪莉·桑德博格创下了一个销售奇迹。她让 Facebook 在盈利增长和用户体验之间实现了完美平衡，她将 Facebook 的盈利模式定位于社交广告，充分利用了网站对用户信息的精准了解，提供广告主最需要的定位效果。

两人的完美搭档将 Facebook 推上了一个全新的平台。

就是这样，两个人在一起取长补短，Facebook 才发展到今天。而同时，这种组合显然也成就了彼此的辉煌。因为对雪莉·桑德博格的

成功挖掘，在帕克辞职之后，扎克伯格又获得了足够的支撑。从另外的角度来看，双方的人脉资源整合也帮助雪莉·桑德博格进入到新的职业发展高度，取得了职业发展和社会声誉的双丰收。

雪莉·桑德博格对于硅谷职业女性的楷模作用以及她本人对于帮助女性在职场争取地位的热情，都使她毋庸置疑地成了被仰望的话题人物。曾任 Facebook 高管、现为风险投资人的马特·科勒尔曾一度表示，雪莉·桑德博格是至今他遇到过的最棒的首席运营官；Facebook 的早期投资人、公司董事吉姆·布雷耶也认为从没见过她这样"工作热情和高智商兼具的女性管理者"。《纽约时报》也称她是扎克伯格"最具有价值的朋友"。

学会引入外部力量解决对自己来说比较困难的工作，通过资源整合让自己更快速地完成工作，是我们应该掌握的一项能力。

人类的发展充满战争与和平的轮换轨迹，这也是自然界竞争法则的一个缩影。在人生中，想要在竞争中获得机会，在发展中获得支持，我们就要有一种共赢的观念，学会与强大的盟友甚至对手合作。

我们不可避免地要面对自己的短板领域，因为这些领域涉及我们的梦想，是我们成功的一段必经之路，我们无法避开。但我们又没有三头六臂，没有精力和能力钻研这些领域，而且时不我待。这时，不妨通过人脉资源整合，寻找那些在这个领域里有经验、有权威、有见识的牛人来帮助我们渡过这个难关。

张光培毕业工作了三年多之后，时常为自己的现状感到苦恼，目前的公司已经没有多大的发展空间，每天几乎都是做着重复性的工作，他感到自己的时间有被"贱卖"的危机，然而，拥有较大的家庭经济压力的他一方面舍不得此处的高薪，另一方面也承担不起换工作或自己创业带来的高风险。无奈的他只能原地踏步。

有一次，在他的一个远房亲戚那里，他认识了一个有钱人，这个中年人家里有一定的资产，但是不知道该怎样投资，见过张光培

几次之后，这个人觉得张光培是一个有想法、为人又踏实稳重的人。经常在一起聊天后，她慢慢地表示如果张光培愿意自己做一项事业的话，她愿意出一定的资本。张光培一开始并没有往心里去，但后来他在街头经常排着长队、人头攒动的果子店、薯片店的前面灵光一闪，他找到了商机，于是找到了一家最有名的连锁小吃店的老板，表达想要加盟的意愿。

半年之后，张光培的零食店开了起来，他并没有辞掉工作，而是那位远房亲戚为他出资几万元，虽然不多，但是经营一个小成本的买卖绰绰有余。他雇了几个人，把远在外地的岳父请来帮忙看管，一年下来，也赚了不少钱。也许这并不是一项大事业，距离他的宏图大志还很远，但是通过这个小本创业的经历，他积累了知识和经验，更重要的是，他手里有了更多的积蓄，经济上宽裕了，他安心地跳槽到另一家知名企业，刚开始的时候对方承诺的薪水并不高，但他还是接受了，因为他相信自己的能力，更看好这里更加广阔的发展空间。

从此以后，张光培的事业越走越宽了。

张光培在创业中遇到的资金和管理问题，很可能是我们在未来会遇到的，经验不是我们说有就有的，它和年龄、阅历密切相关，它是长期征战磨砺出来的敏锐的判断力和恰到好处的执行力。而我们每个人都有自己年轻的时候，即便年长了，也有我们不能涉猎的领域——我们有自己不擅长的领域，在大多数领域里我们都是菜鸟，就像大多数人是你所在领域的菜鸟一样。

我们在发现自己的兴趣和天赋的同时，也要关注自己的短板，并在交友过程中慢慢地寻找与自己优势互补的朋友，例如上面的张光培通过借用投资人的资本和岳父的管理经验，将自己的小店打理得很有生气。和牛人在一起，将会产生巨大的整合效应，帮助我们在事业上游刃有余。

在成就未来的道路上，会有这样那样的困难和挫折等待着我们。

而这当中的大部分都是我们不熟悉、不擅长、没经验的。因此，我们要学会结识在各个行业、各个领域当中有经验的人，和他们成为朋友，甚至将他们纳入自己事业的蓝图当中。我们不一定要事事亲力亲为，有那些比自己做得更好的人去处理我们不擅长的事情，何乐而不为呢！

扎克伯格的智慧

你可以只发挥自己的长处，但也一定会有短板。此时不妨通过人脉资源整合，寻找那些在你的短板领域有经验、有权威、有见识的牛人来帮助我们补足短板，渡过人生和事业中的难关。

忠告八：
成功或失败，没有第三种选择

失败不过是从头再来

识时务者为俊杰

追求卓越，人生没有"够好"

祸兮福之所倚

失败不过是从头再来

法国著名的作家蒙田曾经说过："如果允许我再过一次人生，我愿意重复我现在的生活。因为，我一向不后悔自己的过去，不惧怕自己的未来。"一个人如果经常为过去所犯的错误后悔不已的时候，那他就没有更多的精力去关注现在，现在抓不牢，等到现在逝去了，他们又开始后悔，就这样，他们只能永远生活在对错误后悔的恶性循环圈里。

如果你偶尔回头，看看世界上诸如乔布斯那样成功人士的生平经历，你或许会发现，那些可以数得上名字的伟大人物，都是在经历过无数的失败后，又重新开始拼搏才获得最后的胜利的。

成就 Facebook 这一切的最关键人物就是：马克·扎克伯格！

然而即便是天才也有犯错的时候。在 2006 年 5 月的时候，扎克伯格一手负责的"职场网络"项目彻底失败了。除了美国的陆军、空军、海军这些特殊的职场网络之外，职场的白领们几乎没有人加入。

扎克伯格说，失败是成功之母，失败一万次，才有机会成功。而硅谷创业企业最大的问题就是太害怕失败。一旦一个企业太害怕失败，那么失败就是必然的结局。从实际出发，失败的确在 Facebook 的成功道路上功不可没。

虽然扎克伯格在做项目时出现过问题，并给 Facebook 发展造成困扰，就算最近 HTML5 的投入过大，没有给 Facebook 带来实际性收益，也成了扎克伯格最近反思的重点错误之一，但是看到现在的他你还能说他是个失败者吗？当然不能！

可见，再多的错误也不足以将我们毁灭，我们要做的就是在打击中和对教训的吸取中重新崛起，一如扎克伯格。在扎克伯格取得成功之后，有人说"每个扎克伯格背后，都是上千个失败者"。成功需要失败铺垫，谁知道当年比尔·盖茨成功的背后，是不是有上千个还在犯错误的扎克伯格？谁又能说现在扎克伯格身后的这些失败者不会成为下一个科技界的"扎克伯格"？

《格言联璧》中写道："经一番挫折，长一番见识；容一番横逆，增一番气度。"由此可见，那些挫折和横逆的折磨对人生不但不是消极的，还是一种促进你成长的积极因素。因为，每个人都不可避免地要承担生活的苦。一味的怨恨是可悲的。苦难不是不幸的情报员，恰恰相反，它往往是通往幸福的敲门砖。虽然可能会承受精神上的折磨，一股刺痛扰得你找不到心理上的平衡，看不到前方的光亮，可是，正是因为经历了这些，你才开始成长，你才开始知道怎样积累生活的经验。

在一定的情况下，人的潜能可以发挥，就像当年爱迪生在发明白炽灯泡而呕心沥血时，一位朋友不解地问道："你为什么要坚持做这种蠢事？你已经失败了不下九千次了。"爱迪生对他的朋友说的话感到很惊奇，他回答道："我还没失败过一次，我九千次知道了这样做不行。"后来爱迪生成功了，他坚持做下去，发挥了他最大的潜能，完成了科学实验。

我们渴望收获，渴望得到，但是人生并不是一个只有收获的过程。在人生中，少不了的是在取得收获的过程中犯错误。有些错误已经发生，就不要再后悔。世界上没有后悔药，不管你多么后悔，错误已经产生并摆在那里。此时，不妨换种心态来看待已经出现的错误，

西奥多·罗斯福说："最好的事情是敢于尝试所有可能的事，经历了一次次的失败后赢得荣誉和胜利，这远比与那些可怜的人们为伍好得多，那些人既没有享受过多少成功的喜悦，也没有体验过失败的痛苦，因为他们的生活暗淡无光，不知道什么是胜利，什么是失败。"在

这个世界上，有阳光，就必定有乌云；有晴天，就必定有风雨。从乌云中解脱出来，阳光比以前更加灿烂，经历过风雨的洗礼，天空才能更加湛蓝。人们都希望自己的生活如丝顺滑，如水平静，可是命运却给予人们那么多波折坎坷。此时，我们要知道，困难和坎坷只不过是人生的馈赠，它能使我们的思想更清醒、更深刻、更成熟、更完美。

不要害怕失败，在错误面前，只有永不言弃者才能傲然面对一切，才能最终取得成功，其实，失败真的不过是从头再来！

扎克伯格的智慧

最好的事情是敢于尝试所有可能的事，经历了一次次的失败后赢得荣誉和胜利，这远比与那些可怜的人们为伍好得多。

识时务者为俊杰

孙中山曾言："世界潮流，浩浩荡荡；顺之者昌，逆之者亡。"成就事业者，要认清形势，借势而动，顺势而为，唯如此，方能有所作为。如果一味与发展趋势逆向而行，只能输得一败涂地。

聪明人都懂得借势的道理，就是借助他人的力量、金钱、智慧、名望甚至社会关系，用以扩充自己的大脑，延伸自己的手脚，增强自身的能力，借他人之光照亮自己的前程。如果你想尽快成功，就必须有一个良好的载体，也就是说，你想尽快到达成功的目的地，就必须"借乘"一辆开向成功的快速列车。

2010年，中国互联网行业"空降"了一个神秘人物，他携带女友穿梭于中国本土互联网企业大腕之间，吸引了诸多关注的眼球，他就是刚刚被评为《时代》周刊年度人物的年轻亿万富豪、Facebook创始人——马克·扎克伯格。

这是一次标准的"出镜"：模糊的抓拍照片，招牌式的笑容，不知所云的密谈，携带女友游走行业巨头间。

马克·扎克伯格在中国的突然出现，惹来了几乎所有媒体关注或疑惑的眼神。由于Facebook在中国尚未落地，且存在着许多障碍和疑问，当然还有期待，在扎克伯格未打开来华的潘多拉盒子前，这位不是娱乐明星的新兴互联网大腕当家人，着实过了一把明星瘾，并引发了一系列的传言和猜测。

2010年12月22日，在前一天刚刚秘密会晤了百度创始人李彦宏

后，从百度大厦走出来的扎克伯格又现身新浪，与新浪高管曹国伟进行了短暂的闭门会谈，参观办公场所，并参与了一期访谈节目的录制，他对新浪的微博产品还给出了积极评价。互联网上，扎克伯格的招牌式的笑容照片不时被曝光。

而参与其中的互联网企业，大多也借势大肆曝光。不过，扎克伯格的中国之行的目的是什么？与企业接触和会谈的内容为何？事后斟酌一番，仅仅是在中国领先的企业百度、中国移动、新浪等里面走了一圈"穴"而已，还引发了互联网行业的一次风暴和地震，Facebook还未在中国"露面"，就已经赚到了免费眼球，堪称是一次漂亮的"现身"。

扎克伯格来中国引起了人们新一轮有关 Facebook 是否会开展对华业务的猜想——Facebook 是世界上最大的社交网站，中国拥有世界上人数最为庞大的网民，并且这恰好赶在 Facebook 上市前夕。此外，正在学习汉语的扎克伯格还是一个中国迷。根据百度总裁李彦宏在采访时透漏的内容，扎克伯格对中国的互联网很感兴趣，专门向中国的互联网"高手"取经。种种迹象表明，扎克伯格是在借势为 Facebook 进入中国做铺垫准备。

荀子说过一段话，很能说明借势的意义。他说："借助于车马的人，不必自己跑得快，却能远行千里；借助于舟船的人，不必自己善水性，却能渡江河。君子生性与别人无异，只是因为他善于借助和利用外物，所以就不同罢了！"

历史时刻在上演着沧海桑田的剧情，在不断的大浪淘沙中，能够立于不败之地的人显然是凤毛麟角，而他们之所以能够成为成功者，就在于他们深刻理解顺势而为、借势而成气候的道理。三国时期的刘备，一介市井布衣出身，自诩中山靖王之后，在乱世之秋拉起队伍，附袁绍、傍吕布、依刘表、投曹操、联孙权，不断借助他人的势力，最终实现三分天下有其一的目标。从中我们不难看出借势发展的力量，

它既能克己所短，更能扬人所长，从而取得发展先机。实践证明，大凡推动发展的高手都是借势的高手。

由此看来，借势而为对我们的生活和工作都有很高的借鉴意义。无论是干事业还是干工作，我们强调苦干，但是我们更强调巧干，能够有效地利用环境，借势而动，正是巧干的一种表现，它往往能让我们的工作事半功倍。

二战时期，美国有家规模不大的缝纫机工厂，由于战争的影响，生意非常萧条。工厂厂主汤姆把目光转向未来市场。一番思索后，他告诉儿子保罗："我们的缝纫机厂需要转产改行。"

保罗奇怪地问他："改成什么？"

汤姆说："改成生产残疾人使用的小轮椅。"

尽管保罗当时很不理解，不过他还是遵照父亲的意思办了。一番设备改造后，工厂生产的一批批轮椅问世了。于是，很多在战争中受伤致残的人纷纷前来购买轮椅。工厂生产的产品不但在美国本土热销，连许多外国人也来购买。

保罗看到工厂生产规模不断扩大，实力也越来越强，非常高兴。但是在满心欢喜之余，他又问父亲："战争马上就要结束了，如果继续大量生产轮椅，其需求量可能已经很少了。那么未来的几十年里，市场又会有什么需求呢？"

汤姆胸有成竹地笑了笑，反问儿子说："战争结束了，人们的想法是什么呢？"

"人们已经厌恶透了战争，大家都希望战后能过上安定美好的生活。"

汤姆点点头，进一步指点儿子："那么，美好的生活靠什么呢？要靠健康的体魄。将来人们会把健康的体魄作为主要追求目标，因此，我们要准备生产健身器材。"

又一番改造后，生产轮椅的机械流水线被改造成了生产健身器材的流水线。刚开始几年，工厂的销售情况并不好，这时老汤姆已经去世了，但保罗坚信父亲的超前思维，依旧继续生产健身器材。十几年后，健身器材开始大量走俏，不久就成为畅销货。当时美国只有保罗这一家健身器工厂，所以保罗根据市场需求，不断增加产品的产量和品种。随着企业规模的不断扩大，保罗跻身亿万富翁的行列。

《道德经》中说"动善时"，意思是行动要善于把握时机。在每个人的一生中，机会不可能一次也不降临，人们的生活中到处都有机会，只要你留心它，就会发现机会，抓住机会。机会往往是偶然的，稍纵即逝。然而当机会发现你并不准备接待它的时候，它就会再次选择别人，因为机会从来不去等一个人。案例中的工厂厂主汤姆，就是由于能够考虑到战争这一非自然因素，顺势而为，为自己的工厂做出合理的规划和设计，因而能够让自己的产品在市场上持续畅销。

要顺势而为，需要对事物发展的规律有深入的研究，社会的发展和经济的运行，其实是一种波段式、螺旋式的前进。服装等时尚的流行，几年时间就是一个轮回。股票市场有涨的时候也有跌的时候，房地产有热的时候也有低迷的时候，如果你能在合适的时机进出，就能低吸高抛；如果节奏踩不对，老是追涨杀跌，接最后一棒，那么一定会碰得头破血流。

因此，顺势而为的关键是对趋势的发生、高潮和衰竭过程的准确判断与把握。对于那些周期性很强的行业，要进入就必须在风生水起的时候；及至高潮迭起时，你可手持红旗屹立潮头；待到行业过热时，则应尽量抽身而退。

扎克伯格的智慧

历史时刻在上演着沧海桑田的剧情，在不断的大浪淘沙中，能够立于不败之地的人显然是凤毛麟角，而他们之所以能够成为成功者，就在于他们深刻理解顺势而为。

追求卓越，人生没有"够好"

渴望完美，代表人们的理想和精神追求。空想社会主义创始人之一托马斯·阿奎那把完整或完美作为美的第一要素。不同时期的人类，对于"完美"的诠释各有千秋，对于"完美"的追求异彩纷呈。

然而，在中国又有"人无完人，金无足赤"之说，哲人又认为完美是毒，缺陷是福，世上没有十全十美之物。"金无足赤，人无完人"饱含着朴素的唯物主义思想。完美不可能达到至美的境地，事物中留有一丝瑕疵，也不能不说它不美。从这一点看，世界上并不存在绝对主义的完美，但是人们是可以不断追求完美。

完美是道路的终结，是极致，也是死亡，我们永远也达不到，这是我们的卑微和渺小。然而我们又永远在渴望它和走向它，这是我们的倔强和伟大。把事情做到极致就是一种完美。扎克伯格就是这样一个追求完美，力图把事情做到极致的人。

- - - - - - - - - -

作为 80 后的高技术企业领袖代表，扎克伯格一直注重社交网络平台的推陈出新，从谷歌挖来的首席运营官雪莉·桑德博格让 Facebook 找到了赢利点，成为投资人最青睐的创业公司。然而，在 Facebook 正式上市之前，社交网络这一核心业务的稳定性还不得而知。

2006 年 6 月开始，雅虎的 CEO 特里·塞梅尔和首席运营官丹·罗森维格表示出愿意以 10 亿美元收购 Facebook 的意愿。扎克伯格虽然不愿意卖掉 Facebook，但是泰尔和布雷耶那里怎么交代呢？而且在 2006 年 5 月的时候，扎克伯格一手负责的"职场网络"项目彻底失败

了。除了美国的陆军、空军、海军这些特殊的职场网络之外，职场的白领们几乎没有人加入。所以扎克伯格多少有些动摇了，也许接受10亿美元并不是一件坏事，虽然他的内心充满了犹豫，但是他还是同意了与雅虎谈谈。

雅虎方面马上向扎克伯格送去了一份收购条款书。扎克伯格骑虎难下，哪怕是应付也不得不去面对这一轮谈判了。但是他还是不想卖，直觉告诉他，凭借自己团队的努力，是可以把Facebook做得更好的，而雅虎做搜索引擎出身，它并不能使Facebook有所改变。但扎克伯格知道，这并不是自己就能够决定的，他必须问问董事会的意见。

在Facebook内部，大家的意见显然也不一致。布雷耶是最支持出售的人，他的理由很充分："扎克伯格不能一口回绝，因为Facebook还代表着很多员工的利益，为什么不去问问其他人的意见呢？"公司的高层中，范·塔纳和科勒这样的年纪较大的员工都倾向于出售公司。而莫斯科维茨则坚决地站在扎克伯格一边，他还记得帕克当年说过的话："肖恩告诉我，90%的兼并案例都会以失败收场。5月份谷歌曾经收购了Dodgeball（手机定位的软件），但是现在Dodgeball已经没有希望了。在谷歌这样的创业圣地，并购都会失败，我看不出雅虎有什么能力做得更好？"

扎克伯格对莫斯科维茨投去感激的目光，他很少在人多的场合说这么多话，而且还说得这么好。扎克伯格现在已经知道该怎么去做CEO了，他必须平衡两方面的想法，那需要些手腕，而最终Facebook的舵掌握在自己手里。

扎克伯格是追求完美的，在这过程中，必然存在不完美，但这不是关键，我们的目标不一定是达到完美，而是以追求完美为目标，实现自我价值。

有时候，完美是一面镜子，在镜子里我们看到了自身存在的问题与思想上的不足；有时候，完美是一束光，当我们的生活中出现狭隘的隧道时，它指引我们走出黑暗。更多时候，完美则是一种有形却又

无形的意向，我们向它靠拢，它就会在我们心里绽放；我们远离了它，它就会在我们心里颓废。完美是堕落的死敌、烦恼的宿敌、残缺的天敌。我们不计较得失，只要我们努力做了，我们心中坦然。

我们每个人都应该追求生命中的完美，即使是残缺中走出的完美，即便仍带着残缺，也就是完美了。可人类之所以不同于其他动物，就是因为我们有着这种坚韧不拔、执着和顽强的精神。我们或许不能做到完美，但我们可以追求完美，向完美更进一步。简单地说，就是我们人类的进步。

当有部门在汇报项目进展时说"我们这个产品比上一个版本好了多少"的时候，李彦宏总是要问一句："你这个产品做得是不是比市场上所有的竞争产品都要好，而且明显的好？"李彦宏的言下之意，就是你有没有把事情做到极致。

"闪电计划"是百度将事情做到极致的一个典范。2001 年年底的中国互联网正经历互联网破灭的阵痛。当时还只是搜索引擎服务提供商的百度也面临客户拖延付款的财务困境。李彦宏思考良久，2002 年春节的鞭炮声未息，他便亲自挂帅，发动"闪电计划"。他以一如既往的平静口吻告诉工程师们："我们这个小组要在短时间里全面提升技术指标，特别是在一些中文搜索的关键指标上，要超越市场第一位的竞争对手。"

那时，百度与市场第一名的规模相差几十倍，而当时百度产品技术团队只有 15 个人，要做出对手 800 个人做出的产品，这样的超越谈何容易？工程师们唯有日夜无休地开发程序、闭关苦修。在最困难的时刻，李彦宏为大伙打气："我们必须做出最好的中文搜索引擎，才能活下去，而且活得比谁都好。你们现在很恨我，但将来你们一定会爱我。"

正是这次只有 15 个人参与的闪电行动，他们用了 9 个月时间，抢占了用户体验的制高点，一举奠定了百度在中文搜索领域的龙头地位。

从此，百度的市场占有率节节攀升，路越走越宽。

2009 年的百度已经拥有 7000 名员工，占据 76％的市场份额。在一次战略沟通会上，李彦宏通过网上直播再次向全体百度人重申："我们做事必须有领导者的心态，要 best of the best，把每件事做到极致，做得比别人都更好，不是好一点儿，而是好很多。"

在他的心里，这个极致是永无止境的。

有的人天生适合创业，比如李彦宏。不仅因为他对技术的偏执、他的坚持以及处理事情时的游刃有余，还有一点就是追求完美。李彦宏说："一家公司想要成为市场上的领导者，首先要有领导者的心态，那就是要坚信你做这件事能比所有人都做得好很多。在这种心态下，把每件事情都做到极致，最终你就能成为领导者。"

无论是生活还是工作，我们都可以选择把事情做得漂漂亮亮，用行动赢得别人的尊重。杰克·韦尔奇说："要去摘星星，而不是沉迷于'令人厌烦的'小数点。"虽然现在我们很多年轻人都追逐个性，每个人都有自己的做事准则，但不论我们是怎样的追求个性，都应该敢于给自己提这样的要求：做事就要做到最好，否则就不做。

和追求完美主义相反，很多年轻人动不动就说"做得够好了"。事实上，一个劲地强调"做得够好了"，这不仅不利于我们取得出色的成绩，也不会让我们的能力得到最大化地展示。我们每个人的身上都蕴涵着无限的潜能，如果我们能激励自己不断超越自我，那么我们就会摆脱平庸，走向卓越。当我们每个人将"做到最好"变成一种习惯时，就能在全身心投入的过程中感受到快乐，并收获相应的回报。

因为完美，不完美的我们不到最后就不停下。

因为完美，不完美的我们愿意付出不完美的所有。

成功学家奥立森·马登认为，一个人要实现成功的唯一方法，就是在做事的时候，抱着非做成不可的决心，要抱着追求尽善尽美的态度。人人都想成为优秀的人，而优秀的人与普通人的分水岭在于：优秀的人无论做什么，都力求达到最佳境地，丝毫不会放松。他们讲求

完美，一件事情或者是一个项目，如果自己不满意，他就会毫不犹豫地推倒自己，让自己一遍遍重来。

人生没有"够好"，只有"最好"。不要再说"做得够好了"，只有抱着全力以赴的心态，秉持追求完美的理念，我们才能做出非凡的成绩，才能取得卓越的成就。

我们应该以成功人士为目标，重新审视自己。先不看自己的作为，而是从内心去了解自己是否追求完美，能否为了工作做到竭尽全力，唯有如此，我们才能让自己慢慢地越来越靠近优秀，进而让自己向卓越迈进。

扎克伯格的智慧

完美是道路的终结，是极致，也是死亡，我们永远也达不到，这是我们的卑微和渺小。然而我们又永远在渴望它和走向它，这是我们的倔强和伟大。把事情做到极致就是一种完美。

祸兮福之所倚

西方有一句谚语说得很好："纵声欢唱的人会把灾祸和不幸吓走。"也就是说，面对灾祸和不幸，你要乐观。如果能够换个角度看问题，生活也就充满了希望和快乐。

在每个人的成长过程当中，都会遇到这样那样的挫折，但每个人面对困境和非议的态度和方式是不一样的，因此结果也不一样。人在困境中产生消极怠惰的心理是一种正常反应，但是一味地钻牛角尖、怨天尤人或者直接破罐子破摔却不是正确的处理方法。有时候，换一个角度，你就会发现眼前的这一切并不一定就完全是一件坏事，或者这并不以影响到你前进的道路，甚至有时候还会让你豁然开朗，看清眼前的道路。

Facebook 的前身 Facemash 网站并非人们想象的那样一帆风顺，它曾让扎克伯格陷入难解的困境。

为了这个网站，扎克伯格在他的大白板和电脑面前一夜未眠。整整 8 个小时之后，扎克伯格才从工作台上站起来，伸了伸懒腰诅咒："见鬼，终于完成了！"

经过试验之后，扎克伯格决定让他刚刚取名的程序 Facemash 上线，他在 Facemash 主页上写下这样的问答："我们会因为自己的长相而被哈佛录取吗？不会。""别人会评价我们的相貌吗？是的。"然后他把 Facemash 的链接发给了少数朋友。一名住在扎克伯格隔壁的同性恋学生因为用了 Facemash 而异常开心，因为他的照片在被关注的

1 小时内就被评为人气最高生。当然，他立即叫他的朋友们都来关注了这个网站，而那些学生也开始喜欢上了这个网站。

接下来，这个网站以病毒一样的速度在传播。据媒体报道，Facemash 上线当天差不多有 450 人对 2.2 万多张照片进行了 PK，这一度使哈佛校内网处于堵塞瘫痪状态。"天哪，大家一定是疯了！"扎克伯格喊道。他决定盯着服务器，看看未来的几个小时是不是还能刷新更多的登陆记录，不过他没有如愿以偿，哈佛的计算机服务部门果断地关闭了他的网站。原因是照片对比侵犯了同学们的隐私权，Facemash 的上线引起了哈佛学生的大规模抗议活动。

随后，哈佛大学负责纪律的管理委员会将 Facemash 的相关人员全部召集起来，并向这些人宣布了对扎克伯格的处理决定，他受到了留校察看的处分，至于其他一些人，比如曾提出这项创意的比利·奥尔森等人则并未受到惩罚。学校紧接着在《哈佛深红报》上发表文章斥责扎克伯格的行为是"迎合哈佛学生最低俗的风气"。Facemash 事件让扎克伯格真正成了哈佛校园的名人，当然是"名声不好的人"。

扎克伯格陷入了困境。但是他并没有忘记自己的初衷：做一个与他们与众不同的东西，要酷、要简单。早在大一的暑假，他就有了这个宏伟蓝图的构想，只是一切还不到时机。但是，柳暗花明又一村，谁也不会想到真正给了他灵感的正是《哈佛深红报》批评他的文章里的一句话："只有在网站对自愿上传个人相片的学生进行限制时，许多围绕着 Facemash 出现的麻烦才能消失于无形。"

这句话叫他豁然开朗。他一方面从同学们参与 Facemash 的热情中看到了人们对网络社交的需求——有很多人花大量的时间在网络上找与自己兴趣爱好相同的人一起聊天打发时间；另一方面他也认识到如果网站上每个人的信息都是真实可靠的，以此作为对内容的限制，这样就可以避免 Facemash 带来侵犯他人权利的困扰。

这样的想法逐步形成了 Facebook 的核心理念。哈佛迟迟没有做出

全校学生的电子相册来，扎克伯格决定自己来让它实现。

尽管 Facemash 后来被迫关闭了，有趣的是，在 2010 年 11 月，这个域名却在拍卖网站 Fllipa 上以 30201 美元的价格成交。

因为 Facemash 风波，扎克伯格的名气更大了，大家都相信：假以时日，这家伙一定能创造出一些惊世骇俗的东西来。或许扎克伯格当时并没意识到这些，他依旧沉浸在自己的编程世界中。

2004 年 2 月 4 日下午，Facebook 正式启动。扎克伯格在它的主页上写着："Facebook 是一个通过大学社交网络把人们连接起来的在线目录。我们开办 Facebook，是想为你的哈佛生涯增添色彩。你可以通过 Facebook 做以下的事情：搜寻自己学院的同学，找到自己同班级的同学，查找自己的友人，勾画出自己的社交圈子。"

当想法逐渐成熟的时候，很多问题也会迎刃而解，道路也会越走越顺畅。自然而然，他所面临的非议也渐渐地消弭于无形。

鉴于前期的教训和深思熟虑后的总结，扎克伯格希望网站上学生的信息都是真实可靠的，以此作为对内容的限制，而这个愿望与由报道而生的简单想法相结合就形成了 Facebook 的核心理念。"我们的项目仅仅开通了一条帮助哈佛人分享更多信息的道路，"扎克伯格说，"这样一来，大家就能更多地了解到校园里发生了什么。我想做到这一点，所以建立了能得到所有人信息的渠道，而且每个人也都能与人分享自己希望共享的一切信息。"分享、沟通本是世界发展的趋势，在哈佛的小世界里，扎克伯格读懂了大世界的思维。

Facemash 的失败，使扎克伯格对于网站内容有了反思和总结，避免了后来 Facebook 重蹈覆辙。不忧愁、不消极、换个角度看问题，问题也可能成为你继续下去的动力，以及站得更稳固的基石。

美国心理学家艾里斯曾提出一个叫"情绪困扰"的理论。他认为，引起人们情绪结果的因素不是事件本身，而是个人的信念。所以，许多在现实中遭遇挫折的人，往往认为"自己倒霉""想不通"，这些其

实都是本人的片面认识和解释，正是这种认识才产生了情绪的困扰。实际情况是，人们的烦恼和不快，常常与自己的情绪有关，同自己看问题的角度有关。能否战胜挫折，关键在于自己要有主见，任何情况下都不被一时的失意和不快左右，永远怀着希望和信心，就能从逆境和灾难中解脱出来。

尴尬和困境往往更容易让人反思，当这种反思在被泼冷水的时候发生时，更具有发展张力。面对、接受、思索、转变方向、再努力，然后取得突破。这才是我们面对困境的最好的选择。

如果你也面对困境，是否能够像扎克伯格那样换个角度看问题，并且找到突破点呢？世界上没有哪一条路是完全被堵死的。在通往未来的道路上，千万不要因为遇到了一点点挫折就认为自己的梦想是无路可走的。在这个时候，你一定要静下来，相信这只是一个小插曲。要学会变换不同的角度，在看到困难的同时，也要寻找隐藏在当中的机遇，而不是畏缩不前或者怀疑自己的梦想的正确性，随意变换自己的方向。

扎克伯格的智慧

"祸兮福之所倚，福兮祸之所伏。"有时候，我们需要换个角度看问题，才能看清事物的本质，坚持自己的道路。

忠告九：
阳光心态缔造和谐关系

打开心窗，展示真实的自己
分享会有意想不到的惊喜
朋友间的信任是无穷的
想他人所想，才能得到认可

打开心窗，展示真实的自己

真实，永远是人们的追求之一。一个梦想，我们想要将它变成现实存在；一个人，我们希望看到他的真实、真诚；一件东西，我们执着于辨明它的真伪……只有真实的东西，才是让我们感到踏实并且长久追寻的。

一个人活在虚幻世界里的可能性是极度有限的，我们每个人，都需要将大部分的时间用于现实世界的一些事情，也必须这么做。虚幻的网络世界纵然能够满足心理上的一时之需，却不是长久之计。换一句话说，一个基于网络并和现实生活贴合的社交工具才是我们更加需要的东西。

Facebook 能够成为世界上最大的社交网络，独树一帜，正是因为它更加真实、更加贴近人们的生活，甚至在一个更加广阔、信息更加充分的世界里为人们复制了现实中的生活。由于身份的真实性，Facebook 保留了更多的真诚、信任与责任基础。也正是因为如此，Facebook 才真正地成了人们生活中的一部分。

美国知名社会心理学家斯坦利·米尔格兰姆曾提出著名的"六度空间理论"。他认为，地球上任何两个人之间都可以建立联系，这种联系的建立最多需要经过六个人。从六度空间理论可以看出，一个人要想认识陌生人，可以通过朋友的朋友联系起来。在这个过程中，由朋友介绍或者发生联系，显然比在网上自己认识更值得信任。在 Facebook 上，人们不仅会加自己的同班同学为好友，还会通过同学认识其

他学校的朋友，以这种方式建立起来的关系显然更值得信任，而且花费的时间成本会很低。

现在我们不得不承认，以实名制为基础的 Facebook 正在改变人们联系的方式。

在 Facebook 上，用户只能使用实名登录，扎克伯格在很多场合都强调："你只有一个身份，双重身份是不诚实的表现。"只能用真实身份登录是 Facebook 与 MySpace 等其他社交网站的根本不同。这里不只是冷冰冰的数据库和海量的信息，更是一个有血有肉的现实社交生活。如今，Facebook 让人们自己选择愿意公布的信息，就像是我们在生活中有选择说话与不说话以及说什么话的权利一样。

人们没必要再交换名片，也不用再千方百计地记住一个人的邮箱和手机号码。你只需要知道他的名字，然后利用 Facebook 上的目录功能查找对方的姓名，就可以在他的主页上看到任何你想得到的联系方式。

在扎克伯格的观念里，只有人与人之间的关系更透明，才有利于创造一个更健康的社会。因为在一个透明的社会里，人们将会为自己的行为后果负责，也会表现得更加有责任感。所以，他说："你有不同面孔的日子——对工作上的同事表现出一副面孔，而对生活上的朋友表现出另一幅面孔的日子就要结束了。"

在扎克伯格看来，未来社会的发展方向一定是彻底的透明。即便很多人想把职场生活和私生活分开，也将是不可能的，因为关于一个人的信息会在各种场合传播，"世界的透明度将不允许一个人拥有双重身份"。基于这种透明和分享的观念，扎克伯格认为："最好不要徒劳地抵制世界发展的潮流，否则会被市场淘汰。"

对于我们而言，扎克伯格的野心不仅仅在于怎样通过一个更加真实、贴近现实的网络获得成功，更多的是让我们反思真实，以及我们将要做的任何一件事情的意义。

我们暂且先不说扎克伯格的理想会不会实现，不可否认的是现实

的生活需要一种真实、信任、负责的人际关系和社会关系。虚拟网络给人们带来的，不光是一种新的体验，还激发了那些潜藏在人性深处的缺陷和弱点，使它们肆无忌惮的暴露无遗。

其实不光是在网络上，真实和虚伪已经成为一个现实中存在的问题，摆在我们的面前。

老虎伍兹近日在奥兰多的近邻杰罗姆·亚当斯的网站上开设了一个专门的网页，发布收费视频揭示真实生活中的高尔夫巨星是什么样子。亚当斯表示伍兹是一个虚伪的人，对邻居非常冷漠，而且有一次还恶搞他的妈妈。他同时表示接下来的视频将解密感恩节车祸到底发生了什么事情。

在亚当斯的个人网站上，人们只要支付3.99美元，就可以通过一段14分钟的视频了解真实的伍兹。"我为我看到的一切感到震惊。"亚当斯在其发布的收费视频中说，"他为人不真诚，十分虚伪。你知道的那个人是伪装出来的，由他的团队伪装出来的。"

亚当斯甚至表示他有一次见到过伍兹夫妻之间的争执，那是一个周六，正在洗车子的亚当斯听到伍兹催促艾琳离开，随即他见到伍兹抓住艾琳的手臂并猛推她。显然，如果亚当斯说的话是真的，伍兹在新闻发布会中宣称他们家里从来没有过家庭暴力就是假的了。

此后众多的新闻爆料，人们开始发现亚当斯所说的真实性，媒体接连曝光伍兹与十几名女子有染。事发后一直"隐居"的伍兹通过个人网站承认自己对妻子有不忠行为，虽然伍兹又是道歉又是悔改，但都无法消除妻子艾琳离婚的决心。

伍兹的18个情人看来都无法抚慰他被真实拆穿时候的落寞，但这并非伍兹为虚伪所支付的全部账单。由于耐克、佳得乐、埃森哲、吉列等商家的支持，伍兹成为首位收入超过10亿美元的运动员，可在丑闻爆发后，伍兹完美的谦谦君子形象不复存在，其商业价值大打折扣。

如果伍兹真实做人，实事求是而不虚伪，凭他的才华，不至于得

到今天"过街老鼠"般的命运。可见，欺骗、虚伪要不得，说话办事不可当面一套背后一套，心里想的要和实际做的一样。

虚伪让人沉湎，真实令人振作。沉湎在虚伪中的生命浑浑噩噩，乃至到死也对自身的生命说不出个所以然，而在真实的环境中被振作起来的生命或许短暂，但会像流星一样留下璀璨的生命轨迹。虚拟的世界容易滋长犯罪，虚伪的人容易走上歧途。只有真实，才是我们直面现实、走向成功的基础。

别让虚伪掩藏住你的真实。不管是在现实中还是网络上，都要坚守住自己的本心，坚守真善美；不管在什么情况下，我们都要踏实、坚定，走好每一步；不管什么时候，我们都要记住，诚实、责任是我们最珍贵的东西。只有这样，我们才能认清自己的优势、看清自己的缺陷；才能找到适合自己成功的道路；只有这样，我们才能最终赢得认可并取得成功；只有这样，我们生存的这个世界才会更加和谐完美。

扎克伯格的智慧

虚拟的世界容易滋长犯罪，虚伪的人容易走上歧途。只有真实，才是我们净化生活环境、抑制犯罪的利器，才是我们直面现实、走向成功的基础。

分享会有意想不到的惊喜

有科学家指出，人类之所以会做出大量其他动物所不会的利他行为，主要是因为人类重视名誉并且懂得互惠，有时候也是出于对别人困难的同情。《我们为什么合作》的作者迈克尔·托马瑟罗认为，人类的分享不光在物质层面，除此之外，我们还会服务别人和分享信息。

当 Facebook 刚开始的时候，网民们对共享个人信息还有些不适应。他们有许多的疑问，如在 Facebook 上用自己的全名会有什么问题，自己的隐私会不会被泄漏等；当 Facebook 增加了状态更新提示及各种各样的应用，网民们更新的频率就更高了，大部分用户几乎每天都要更新自己的信息，分享成了一种个人习惯，也成了扎克伯格所建立的 Facebook 典型企业氛围之一。

Facebook 每天产生 250T（1T＝1024G）的数据，这些数据来自上千台电脑组成的计算机集群，并且能快速地产生出各种问题的答案。扎克伯格的决断就来自于这些信息，在开放分享图片以前，他已经得出了每新增一张图片，就能增加 25 次页面点击的结论。精确的数据显示，2010 年全球互联网 44% 的在线内容分享都通过 Facebook 来进行，而 2009 年这一数字为 33%，Facebook 在在线内容分享市场的主导地位得到进一步加强。2009 年的每 20 分钟，Facebook 用户上传 270 万张照片，有 100 万条链接被共享。

精确的广告牌数据告诉扎克伯格和他的伙伴，分享领域越多，Facebook 就会产生更多的数据，从而更容易地产生新的服务。Facebook

自己没什么内容，它只不过是一个广场，引入各种商户，或者是搭建各种通往商场的通道来满足客户的需要。

有人认为"分享"是 Facebook 的魂，你愿意向别人分享你的观点、你的位置、你的爱好，信息才会具有价值。这有点相当于印第安人的"冬宴"，你拿出一些成果分享给大家，出于感激和表达慷慨之情，人们也会拿出东西回馈给你，整个文化就建立在这种彼此的馈赠框架下。

这不是在大锅饭里吃馒头，吃一块就少一块，因为有了共同消费性，反而会变得越分享越有价值。在分享的作用下，Facebook 的用户已经达到 10 亿。因为分享，Facebook 用户很容易就能组织起各种各样的活动，他们共同喜爱的可能是一则新闻、一首歌或者是一个视频，这被称为是"Facebook 效应"。

在美国，现在有种说法很流行，他们说企业在 Facebook 上展现 30 秒，抵得上花一年时间去跟热爱自己品牌的消费者沟通的成本。美国社交营销公司 salesforce 的一位产品经理甚至还建议中小企业放弃自己的网站，直接选择 Facebook 的页面。这里体现的就是 Facebook 的本质，即它的"分享效应"，能让公司直接接触到目标消费者，并对客户周围的朋友带来影响。

人们在良好的分享氛围中把自己喜欢的人和关注的信息告诉别人，同时也从别人那里获得新鲜的新闻信息。通过对分享的倡导，Facebook 成了真实社交网络中的一朵奇葩。扎克伯格也在公司内部营造出一种乐于分享的企业氛围，这对 Facebook 未来的发展是极好的。

英国戏剧作家肖伯纳说过："倘若你有一个苹果，我也有一个苹果，而我们彼此交换苹果，那么，你和我仍然是各有一个苹果。但是，倘若你有一种思想，我也有一种思想，而我们彼此交流这些思想，那么我们每人将各有两种思想。"肖伯纳说出了分享的实质，那就是如果你拥有一份快乐，与人分享，你会得到两份快乐；如果你有一份烦恼，与人倾诉，那你会只收到一半的烦恼。凡事都要与人分享，无论是快

乐还是烦恼，你都不会受到损失，反而你还会得到一份意想不到的惊喜。

分享是一种交往的礼仪，是一种健康的心态；分享是一种关爱的情怀，是一种奉献的精神；分享是一种生活的艺术，是一种生存的智慧。分享可以带来群体的欢乐，可以融洽关系，增进感情。分享，其实很简单。

感恩节是美国的传统节日，像中国的春节一样，每到这个节日全国就会放假，成千上万的人不管多忙，都要和自己的家人团聚，品尝美食，各种庆祝活动接连不断。可是，你知道它为什么叫"感恩节"吗？

原来，在 1620 年，英国一批新教徒，因为不堪忍受统治者的迫害，乘"五月花"号船远渡大西洋，流亡美国。船在波涛汹涌的大海中漂泊了两个月，终于到达了美国东海岸。他们在酷寒的 11 月里在现在的马塞诸塞州的普利茅斯登陆。那时，美国的东海岸还是一片荒凉的沼泽地。

逃亡者来到这里的时候正是冬天，人地生疏、缺衣少食、环境恶劣，不断威胁着他们的生命。在这生死攸关的时刻，当地的印第安人发现了他们的难处，为他们送去了食物和生活用品，帮助他们渡过了难关。

这些移民者在安顿好新家以后，为感谢在危难之时帮助他们的印第安人，同时也感谢上帝对他们的"恩赐"，于是在这一年的 11 月的第四个星期四，把猎获的火鸡制成美味佳肴，盛情款待印第安人，并和他们一起联欢。庆祝活动持续了三天。从此，他们在每年十一月第四个星期四都要举行庆祝活动，除招待印第安人之外，夜晚他们还围着篝火尽情歌舞，共享欢乐。从此，这一节日便在美国流行开了。

因为印第安人的无私帮助和分享，美国的新移民得以在恶劣的环

境中生存下来。同时，他们把自己从英国学到的先进知识、新的科技发明在美国大陆上分享，使印第安人感受到了科学的魅力。

赠人玫瑰，手有余香。分享意味着自我的不断净化提升，不给自己后退的余地。我们进行分享的都是所知道的，这些信息都是依靠时间和精力学来的。分享意味着你做到无私地把它分享出更高的价值，同时需要我们不断去追寻新知。只有用心生活、用心体会的人，才能不断有新的东西分享。在分享中我们会学会进一步判断，进一步深入思考，从而进一步提升思绪。这很重要，自己要了解自己，这是一个不断学习的过程。

反过来看，你会发现周围有许多做得不错的伙伴，常常吝于分享，深恐别人知道了自己的成功方法而超越自己。如此不但伤害了彼此的人际关系，也造成孤僻小气的形象，更重要的是丧失了自己再成长进步的环境与动力，终至孤芳自赏、停滞不前，甚而被超越、被淘汰，最终悔之晚矣！

做个快乐的冠军，不断分享成功的种子吧！我们分享给别人越多，我们也必将获得越多。

扎克伯格的智慧

如果你拥有一份快乐，与人分享，你会得到两份快乐；如果你有一份烦恼，与人倾诉，那你会只收到一半的烦恼。凡事都要与人分享，无论是快乐还是烦恼，你都不会受到损失，反而你还会得到一份意想不到的惊喜。

朋友间的信任是无穷的

人们最原始的传播方式是在认识的人之间口口相传：将一个信息告诉身边的朋友，而接受信息的朋友又将这个信息告诉他身边其他的朋友……这个消息便迅速传开了。也许这不是最快的一种传播方式，但绝对是最有效的。因为熟识，基于彼此之间的信任，这个信息更容易不受质疑，并影响深刻。

人们往往更容易信任自己熟识的人，但我们并不是与每一个人都有机会慢慢地熟悉、建立信任的基础。退而求其次，我们在潜意识里会选择信任朋友的朋友。

Facebook 的最初用户不过是哈佛的学生而已，即便后来这个网络向社会开放之后，最初的用户并不多。但短短的时间里，用户数量迅速增加，为什么？原因就是扎克伯格开发了一款功能，叫人们去认识自己朋友的朋友，调动了人们交友和交流的积极性。

2004 年，Facebook 推出了一个叫做"留言板"的功能，这是社交帝国的雏形初现的开始。至此，扎克伯格也终于因为他的偏执收获了一片可以重塑未来整个互联网世界的金矿——迁移自现实生活、反映现实社交活动的"社交图表"（Social Graphic）。一个真正意义上的社交网络开始了。不过那时候，连扎克伯格都不知道自己其实已然坐拥了一个巨大的金矿。他正一门心思地优化 Facebook 的用户体验，以求打造出一张更为真实、精致的"社交图表"。

新的变化发生在 2005 年 3 月。在线图片储存网站 Flickr 被雅虎收

购，在线图片储存业务形成潮流。此时，Facebook 开始考虑开发图片储存功能，而在决定图片标记方式时，扎克伯格以及其团队决定采用一种前所未有的方式——以往在互联网上传图片都是用主题、时间、地点等方式来作为标签，然后供用户自己进行分类检索。但是 Face-book 决定以每个用户社交网络中的关联人物作为标签，每个被标注到的人都会收到提示信息，进而看到这张照片。

这一举措让图片功能与已经存在的社交图表迅速发生了"化学反应"。与其他图片分享网站不同，Facebook 让图片基于人际关系主动推送，大大提升了信息的传播效率，进而让网站的活跃度获得了又一次跃升，社交网络的好友间多了一种更丰富的互动方式。实际上，到了 2005 年 10 月，Facebook 图片功能在短时间内就成为互联网上最炙手可热的图片网址。

正是 Facebook 图片功能的成功，使得扎克伯格产生了"积极的顿悟"。他意识到把一种普通的在线活动与一批社交关系叠加起来，可以释放出巨大的力量。正如 Facebook 内部员工马特科勒所说："对我们来说，那是第一次感到惊讶：社交图表能够被用来当作一个分配系统。分配的途径是人与人之间的关系。"

自此，基于关系的传播——这种最古老的传播方式，开始通过附身互联网的力量，再次影响人类传播方式发展的轨迹。Facebook 的"社交图表"将会无限延伸与拓展，成为一个巨大的空间。事实上，扎克伯格早就为其设想出一个新的理念——"社交信息流"。从"社交图表"到"社交信息流"，扎克伯格正在努力把"基于关系的传播"从先锋式的创新变成横扫世界的潮流。同时，Facebook 也从一个因人性而生的交友网站，变成点燃新传播方式的革命性社区，并最终走向了一个可以改变世界形态的伟大企业的征途。

Facebook 的成功使人们充分认识到了熟人之间的信任在人际关系中的重要性。乔布斯也恰恰看好了这个社交关系的力量，从而将其运用于商业行为，并最终获得成功。而中国著名的天使投资人雷军，更

是十分在意与被投资人之间的熟识程度，以此作为决定是否投资的最重要指标。

起源于20世纪初的美国的天使投资，到了世纪末才在中国境内出现。由于国内没有相关的法律和制度的保障，天使投资风险特别高。出于降低诚信风险的考虑，雷军一直坚定不移地践行着天使投资的"3F"原则：Family，Friends，Fools（家人、好友、傻瓜），不熟不投。但是对于他选中的人，他总会坚持一句话："他做什么我都投！"

2004年，孙陶然从"商务通"的常务副总裁位置上下来。两年之后，决定重新开始创业。联想投资的朱立南给雷军打了一个电话，做尽职调查。在电话中，雷军对孙陶然赞不绝口，说他做什么都能成，并直接在电话中说要投资孙陶然创立的"拉卡拉"。

2005年，雷军又对陈年说了这句话。那一年，陈年开始做我有网，雷军毫不犹豫地投资了自己的老熟人。即便是后来我有网陷入困境，陈年决定再次创业需要钱时，雷军仍旧一如既往相信陈年，再一次投钱给他。接着，陈年创办了凡客诚品。四年以后，雷军不无自豪地说："我投的最成功的案子，就是四年前从零开始起步的凡客诚品。"

2006年，俞永福成了被雷军说同样的话的人。原本是投资人的俞永福，经验丰富，可是真正自己带领UC优视团队的时候才发现一大堆的难题摆在他面前。在他厚着脸准备和雷军谈投资时，雷军连价钱都没商量就答应了。

后来雷军在谈及对三位好兄弟的投资时说："这三个项目以及后来他投资的其他项目，都是自己的老熟人创办的。投资熟人靠的是信任。虽然我不知道他是不是每个项目都能做好，但人靠谱就好办了。一个项目不成可以重新再来，人还在那儿。但投资不熟悉的人就不一样了。"

雷军投资熟人和当时的天使投资在中国市场尚不成熟的大环境不无关系。当时在中国并没有相关的程序规定，也没有配套的法律制度

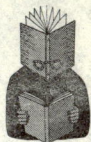

保障，所以风险非常大。再加上当时国内的天使投资基本上都是个人行为，投资前没有足够的能力做调查，投资后也基本不参与管理，对于诚信的要求特别高。对不熟的人做投资，需要花很多时间在背景调研上。投资熟人可以减少投资中的风险，降低成本。可见，这种基于熟人关系的行为在雷军的成功投资上面占据了重要位置。

熟人之间的信任本身就是一笔庞大的财富。基于此，我们可以在世界上找到无数的朋友，并且不需要太大的成本去自己确定他是否值得信任。扎克伯格基于关系的传播以及乔布斯和雷军对于这种关系的营运，都给了我们这样的启示。

在我们每个人的身边，都有一个庞大的关系网等待着我们去发掘出它的潜力。这个关系网以你为中心，从你的朋友和熟人身上展开，无限向外延展。只要你善于发掘，就会在你身边形成一个同样庞大的朋友圈，成为你人生中的助力。扎克伯格是将这一切做到极致的人，Facebook 网其实就是以他为中心延展开去的一个庞大的社交圈子。

扎克伯格的智慧

快速的传播方式有很多种，但基于关系的传播却永远是最有效的。

想他人所想，才能得到认可

　　这是一个由人组成的世界，人是一切活动的发出者和承受者。我们做任何事情，都要关注到受众的需要和感受。举个简单的例子，比如我们每次为自己做早餐之前都会先想想自己想吃什么，每次买东西时都会反思它是否符合自己内心对于美的追求，等等，这个过程使得我们对最后的结果感到满意和认可。

　　对于别人，也是一样的。我们提供的产品也要更加贴近他们内心的需要。这就需要我们知人性，懂受众。只有不断地发掘受众心中的期望，我们的产品才能获得认可。Facebook 如今拥有如此多的用户，成就"第三帝国"也正是因为扎克伯格和他的团队知人性，满足了这些人心中的追求。

　　2002 年秋，从 1995 年就开始自学电脑编程的扎克伯格入学哈佛，出人意料地选择心理学作为自己的专业方向。

　　多年之后，当我们有了时间的纵深，得以去重新理解扎克伯格选择心理学作为自己专业的原因时才发现，扎克伯格本人，以至 Facebook 后来的一系列历史，其实都无非是对心理学的注解。

　　扎克伯格所坚持的是一种人性化的、社会学色彩浓厚的世界观与方法论，而 Facebook、社交标签，包括 Facebook 上线之后所推出的每一次改进，都无非是这种世界观与方法论的具体化。

　　Facebook 能满足人们对于个性的追求。用户可以通过上传自己喜欢的照片、新闻和资讯实现个性化的定制。用户可以发布任何自己感

兴趣的信息和图片，以满足自己对自身所期待的个性的塑造。除此之外，Facebook 的设计还利用了人们的"表现欲"与"窥视欲"等人性"弱点"。从扎克伯格大一时搭建网站 Facemash 时开始，他就表现出对于人性欲望与人际互动的特殊敏感。

在 Facebook 成立之初，更侧重于满足荷尔蒙过剩的年轻人的交友需求。在网站上，用户会明确写明自己的状况，如单身、渴望交友等信息。而"捅你一下"的功能，则带有强烈的性暗示。网站上发布的信息恰恰给那些具有好奇心的人们以偷窥的机会。一名曾使用过 Facebook 的大二学生，后来成为《纽约客》执行总编的阿米莉亚曾写道："Facebook 没有把用户集结在一起，结成浪漫交友的圈子，而是表现出其他很多本性：一种寻求归属的渴望，一种虚荣的冲动和重重的偷窥心。"

社交并不是一个新鲜词，从动物世界中蚂蚁之间的"突触传播"到人类的"口耳相传"，社交活动无所不在。只不过网络出现后，在网络世界里的交流变得比在现实生活中容易得多，在网络的世界里，有很多在现实中害怕交流但渴望和别人交流的人，正是基于对人性的这种了解，Facebook 迎合了社会的需求。扎克伯格说："我只是坚信，人们最感兴趣的事物其实是人。我相信人们喜欢做那些使自己开心的事情。为了使自己开心，他们需要了解他们身边的世界，了解他们身边的人。"

商场如战场，看似无情，却不得不利用人情味十足的手段来征战。"得人心者得天下"，用在现在的商场竟然也如此贴切。产品设计必须以人为中心，人性化设计反映了为人设计的本质特征。设计的主体是人，设计的使用者和设计者也是人，人是设计的焦点和准则。人性化设计不但有助于提高产品的经济价值和社会价值，而且更为重要的是提高人们的生活品质。更加注重人性，注重用户体验，已经成为现代商业发展的必然。

不光 Facebook 如此，所有要在这个战场上生存的企业都一样，乔布斯在这方面也做足了功夫。"苹果"推出的 iPod、iPhone、iPad 之所以能红遍全球，一个最重要的原因是它们满足了人们心底对独特、叛逆、完美的定义。

1984 年 1 月 24 日，苹果 iMac 电脑发布。iMac 配有全新的具有革命性的操作系统，使用 iMac 图形用户界面，其中有易于理解的"回收桶"和"便条"等。除此之外，它还创造性地将人体工程学引入产品设计，使用鼠标作为定位工具，用定位工具进行"双击""拖放"等操作。iMac 电脑无疑是计算机工业发展史上的一座里程碑，后来图形用户界面专利被微软购得，发展成今天我们所熟知的 Windows 视窗操作系统。无论是简单易懂的图形用户界面，还是舒适方便的人体工程学鼠标，都极大地推进了用户与产品间的交互进程，使两者间的交互变得更加简单，自然而人性化的设计首次得以彰显。

苹果公司发展到了 iPod 时代并没有让人们失望，而是又一次跳出了传统思维的框架。革命性地将滑轮触控技术引入了产品的设计，找到了比按键输入更好的操作方法，令用户得到了更加舒适便捷的操作体验。同时"苹果"还发现，消费者未必需要功能多的产品，因为很多时候这些功能都用不上——他们需要一个操作简单而外形简洁时尚的产品。使用 iPod 时操作不到三次就能选择一首想要听的歌曲，这是之前其他 MP3 厂商所没做到的或者未考虑到的。

对"苹果"来说，易用性、操作的自然便利程度不是所谓的卖点，而早已成了产品的灵魂。这个仅用了几个月就开发出来的产品正是"苹果"对"把技术简单到生活"的实践。所以 iPod 不是第一个 MP3 播放器，但它却是第一个最易于使用和具有最酷外观的 MP3 播放器。

时间推进到了 iPhone 时代，"苹果"又一次给了我们惊喜——iPhone 再一次给用户做减法，设计上革命性地取消了数字键，整个面

板上只留一个按钮、最大限度地扩展显示屏的尺寸，在用户体验方面做了巨大的升级。尽量减少操作流程，简洁的设计令用户第一次使用就很容易上手。操作上采用多点触摸技术翻屏阅读，只要手指向上一拉，下面的内容就拖上来了。上网看信息、放大感兴趣的图片，只要两根手指同时拉伸就随之扩大，使用户摆脱传统机械的烦琐，在触摸操作中体验科技的非凡，感受到产品的人性化。

就像思科中国前总裁林正刚所说的，"苹果"满足了我们每个人心底的"个人化"欲望。苹果平台上的四十多万个软件，可以塑造每个人心目中独一无二的个性手机。用户体验并不是什么时髦的东西，正好相反，它是最朴实的，因为其最终目的是要贴近用户，将科技平民化地传递给用户。

最后，我们发现，在这些毫无生命的电子产品面前，我们想与它们交流，我们抛掉了鼠标键盘，开始触摸它们，并且开始打破产品操作的常规方式并与它们对话。这就是消费类电子产品的发展方向——尽可能地完善人性化的人机交互过程。

这种把人的使用作为技术产品价值观的追求，已经不仅仅只是停留在工业设计层面，在乔布斯后期领导开发的一系列产品 iMac、iPod、iPad、iPhone 中，我们都能看到乔布斯和他的团队赋予产品的一些真正与众不同的特质，它们无不洋溢着积极、热情和追求完美，焦点全部用在人们的使用和用它来做什么上。用乔布斯的话来说，就是"一个人越充分地理解了人性的体验，设计得就越好"。

扎克伯格和乔布斯这两个硅谷传奇，因为知人性、善用人性而走向了事业发展的巅峰；Facebook 和苹果也正是因为迎合人性所求，才得到了全世界大部分人的认可。其实，做人也一样，我们说的每一句话、每一个细微的动作，对于身边的人而言，都是一款产品。我们也要善于发掘人性，知道在不同的情境下和不同的人面前展示最合适的"产品"。只有这样，我们和我们的"产品"才会得到认可。

扎克伯格的智慧

我们做任何事情，都要关注到受众的需要和感受。只有知人性，深层关注人心所需，才能真正赢得认可。

忠告十：
不慕富贵，不贪拥有

淡泊明志，宁静致远
惜福感恩，我们原来如此幸运
适合的才是最好的

淡泊明志，宁静致远

最大的力量是人的内心保持平静。保持内心平静安宁，是一个人能够在自己选定的道路上一直走到最后的必需要素。成功，也只属于这些人。

引用"中国乔布斯"雷军的一句话，很多成功的人都是一样的。为什么他们能够成功？原因就在于在外界已经"山呼万岁"的时候，这些王者们都能保持内心的平静安宁，不为外界所动，执着地追求着自己的梦想。他们不在乎名利地位，不在乎众人的眼光，只追随内心最原始的想法。

当被谈及"你的生活方式变了吗？你看起来不像是会买很贵衣服的人。""是的，我不会买。"扎克伯格大笑着说，"我有一套一室一厅的小公寓和一张床垫。我住那儿。"坦然的回答，何其难！没有平静安宁的内心世界，又如何能做到！更加有趣的是，扎克伯格除了自己喜爱的事情之外，似乎对任何事情都十分淡漠。

回顾 Facebook 的几次重大人事变动，并不难注意到其中扎克伯格与最初合作者的恩恩怨怨和情感纠结。与温克莱沃斯兄弟的官司也成了外界负面炒作马克伯格的重要题材。这对孪生兄弟在诉讼中谴责 Facebook 盗用了 Connect U 的数据与创意。这场纠纷曾在 2008 年达成协议，扎克伯格同意用部分 Facebook 股权和现金来解决争端，但随着 Facebook 的股价迅速攀升，温克莱沃斯兄弟又以当初的协议存在证券欺诈为名重新发起诉讼。

对于与自己当初创业存在极大关联的人物以及所发生的法律纠纷和最终判决，扎克伯格总是躲得远远的并尽量不给出任何评价，于是出现了电影《社交网络》中最打动人心的一段：

律师问马克："你到底知道不知道，你侵犯了我委托人的利益？"

马克没理他，只是转过头，盯着窗外，一脸寂寞地说："下雨了。"

满头银发的律师又问："你是认为我刚才说的不值得你关注吗？"

马克很实诚地回答："是的。"然后又转过头，望着窗外的雨。

许多观众对于扎克伯格的态度迷惑不解，但只要看到 Facebook 上那句直抵心灵的说法——"爱的反义词不是恨，而是漠然"，就不难找到答案。🌀

这可是关系着 Facebook 股权和人事变动的重大事件，真的与扎克伯格无关吗？当然有关。他真的就不在意吗？肯定在意。事实上，这种漠然正好折射了他在遇到重大事件时的冷静和安宁。而正是这样的态度，才让他得以看清一切，理性分析，从而突破难点。

奥斯特洛夫斯基曾说过这样的话："人的一生应该这样度过：当他回首往事的时候，不会因虚度年华而悔恨，也不会因碌碌无为而羞愧。"其实也只有这样的知足常乐，才是真正智慧、充实、有意义的知足常乐。保持宁静安详的心境，是所有大成者必备的基本功。静能生慧，保持内在的宁静，就如同打开天窗，让智慧的阳光照亮心房。一个人只有内心宁静，才会洞悉思想的法则和自然的运行规律，才会认识到因果作用和事物的内在联系，才会领悟人生的意义所在和终极追求。

宁静是我们成熟的标志，也是我们修养程度的展现，更是我们修身明志的最佳心灵空调。保持内心的宁静，才会用心体会到这个世界的博大与人生的深邃，才能真正地与心相对视。

林书豪究竟有多神奇？连续 4 场拿下至少 23 分、7 次助攻，并且命中率均高于 50%，新赛季中全联盟只有他能做到；面对强敌湖人，

38 分的得分刷新了几天前他刚刚创造的个人得分纪录，同时也是尼克斯本赛季的最高个人得分（别忘了这支球队有安东尼和斯塔德迈尔）；他的效率值达到超级巨星级别的 26.83，在全联盟控卫中排名第一；在个人职业生涯前 4 场先发比赛中，他总计得到 109 分，刷新了自 ABA 与 NBA 合并以来的纪录；五连胜之后，他已成为体育世界中个人市场价值涨幅最快的球员，个人市值约为 1400 万美元。

从不折不扣的"小人物"到被球迷祝愿成为"MVP"，除了林书豪如同阿甘般的奋斗经历最能打动美国观众外，还因为他有一个特殊的华裔身份。NBA 赛场除去姚明、易建联等寥寥数人外，林书豪也是少见的黄皮肤。在大多数人的潜意识里，"非主流"的崛起总是有着特殊的意义。

林书豪正在用日臻完美的表现告诉世人，他不是昙花一现。纵观林书豪这几场比赛可以发现，他拥有超出其年龄的成熟与冷静。0.5 秒绝杀，需要的不仅是过硬的技术、超出常人的胆量，更重要的是在那千钧一发之际平静的内心。

保持平静的内心，才是林书豪爆发的真正原因。他在一次访谈中透露，他打球的动机不是输赢这样短暂的快乐，而是要追求"永恒的快乐"。想明白了一点，他的心灵就得到了一种神奇的安宁，而这种神奇的安宁带来了他奇迹般的发挥。

林书豪在纽约绽放奇迹之前，也经历了许多挫折和失败。正是他追求内心的平静，才能目标坚定，不被挫折打倒。林书豪作为一个个例无法复制，但他面对篮球的态度值得每个球员学习。不仅是篮球，在日常的工作和生活中，拥有平静的内心，按规律办事，都是获得快乐的源泉。

金钱、名誉，这些都不是林书豪打球的最终目的，他打球所追求的"永恒的快乐"，是从他在球场上的优异发挥得来的。打篮球有其自身的规律，林书豪能够最大限度摒弃外在干扰，用篮球规律来打球，于是获得精神上的解放，也就是他所谓的"永恒的快乐"。

心不静，如何能看事物的本质、找到解决问题的好方法？心不静，如何能增强自己的道德修养，肯为他人谋取福利？心不静，如何能担当大任、做成大事，遇到挫折、失败也毫不气馁、一如既往？其实，真正的大成者都是内心宁静的人，他们的成功源于执着，而并不是靠一时的聪明或投机。

无论你的人生走到了哪一阶段，都要记得：保持内心安宁，不为名所累、不为利所缚、不为欲所惑，淡泊以明志，宁静以致远。只有这样，我们才能做到做事时全力以赴，在对待结果时不强求完美；面对困境与挫折时心平气和地从自身找原因，制定措施，将挫折转为走向成功的动力；面对荣誉时不沾沾自喜、驻足不前，依然尽职尽责，勤勤恳恳；扎实做事，积极进取，寻找新的突破；面对平淡与寂寞时，不心浮气躁，而是坚持自我。

扎克伯格的智慧

要学会保持内心安宁，不为名所累、不为利所缚、不为欲所惑，淡泊以明志，宁静以致远。

惜福感恩，我们原来如此幸运

在牛津词典里，感恩是"乐于把得到好处的感激呈现出来且回馈他人"。感恩是因为我们生活在这个世界上，一切的一切，包括一草一木都对我们有恩情！

"天使"奥黛丽·赫本，正是因为她那颗充满慈爱的心，让她的人格充满了光辉，最让人感动的时刻不是她手捧小金人，而是她抱起非洲孩童的时刻；戴安娜王妃最优雅的时刻不是她穿着华美的礼服出席各种宴会，而是她亲吻智障儿童的时候。

感恩，说明一个人对自己与他人和社会的关系有着正确的认识；报恩，则是在这种正确认识之下产生的一种责任感。没有社会成员的感恩和报恩，很难想象一个社会能够正常发展下去。在感恩的空气中，人们对许多事情都可以平心静气；在感恩的空气中，人们可以认真、务实地从最细小的一件事做起。

在 Facebook 成功的同时，扎克伯格也开始身体力行，投入到感恩社会的慈善事业当中。

扎克伯格经过 8 年的磨砺，已不复当年的青涩，他开始参加各大顶级的社交活动，并且开始关注慈善事业，斥巨款推动美国教育事业。

2010 年，美国《福布斯》富人排行榜中，26 岁的扎克伯格成为全球最年轻的亿万富翁。与此同时，他已经开始投入到慈善事业中，捐钱给学校。

"关于慈善，我只是觉得无论是我个人还是 Facebook 公司，都是

美国社会的一部分，我们有责任这样做。Facebook 公司从成立之初，我就一直奉行将其盈利模式发展成为馈赠型，让我们的用户都能使用它、享受它。现在所进行的慈善活动，我们也只是将它看作 Facebook 发展馈赠型经济的一种延续，是对用户、对社会的一种回报。"

至 2011 年 9 月，负责管理扎克伯格 1 亿美元捐款的基金会宣布已经成立起一个为期两年、规模达 60 万美元的项目，向纽华克市公立学校提出创新性教学课程的教师或教师团体提供 1 万美元奖励，以供科研。

同时，纽华克相关教育部门将严格审核纽华克未来基金会划拨的 640 万美元的资金流向，其中就包括新的教师奖励计划，同时还将讨论剩余资金的未来安排。其中一些资金已被用于建设新学校、延长学校教学时间和招募新老师等。

扎克伯格说："我想这 1 亿美元能让所有和 Facebook 一同成长的用户都看到，除了建设网站和应用程序，Facebook 终于也干了点不一样的事儿，同样是有意义的事儿。"

虽然只是金钱的付出，但扎克伯格以身作则，用自己的社会形象做注释，鼓励人们投入到慈善事业当中。管好 Facebook 为社会创造更大的价值，投身慈善为社会弱势群体贡献自己的一份力量，他用实际行动向大家证明了自己对给予他支持的社会大众的感恩之情。

美国的富豪阶层一直就保持着关注慈善事业的优良传统，不论是白手起家的实干创业家还是世代富裕的富人家族，都把慈善事业当作自己的责任。2010 年 6 月，比尔·盖茨联手巴菲特正式发起了"慈善誓言"活动，旨在劝说美国的超级富翁们在生前或者死后至少捐出一半以上财产，用于慈善公益事业。到了年底，包括扎克伯格在内的 16 位超级富豪也融入了这个热衷慈善的大集体中，他们都签署了"捐赠承诺"，并发表联合声明，宣布加入美国首富比尔·盖茨和"股神"巴菲特发起的"慈善誓言"活动，承诺将至少一半财产捐赠给慈善事业。

扎克伯格说："人们总是太晚才想起要回馈社会，但既然有那么多

需要去做的慈善，为什么还要等待？作为依靠企业取得成功的年轻一代，如果我们尽早回馈社会，就能尽早看到这些为慈善所做的努力的积极作用。也许因为我们所尽的这份力，会帮助更多的人，为社会培养更多能够做慈善的人。"诚如马克·扎克伯格所言，早些总比晚些好。

除了支持男友创业，普莉希拉也积极推动扎克伯格投身公益事业。2012年，扎克伯格在接受美国媒体采访时表示，女友即将成为一名儿科医生，所以我们最近的餐桌话题常常是Facebook及她遇见的那些孩子。她告诉我，病人们正是因为得不到需要的器官而面临危险。正是女友的话促使他在Facebook上推广器官捐献计划。

除了以捐赠的形式来支持慈善事业，Facebook在灾难到来时也发挥了巨大作用。2011年3月，日本沿海地区受到了地震、海啸等一系列灾难的重创，很多家庭都在灾难中遭受了前所未有的打击。

Facebook的在线服务派上了大用场，在灾难后，失散的人们通过它可以即时把有用信息分享给外界，而且也可以使日本官方更加精准地统计受灾人数和程度，以便派遣救灾物资。在日本受灾期间，Facebook在家人传递消息、国际交流、寻求国际支援等方面都发挥了很大的作用，用户数量激增。此后，Facebook又在日本市场推出了"灾难信息公告板"服务。此服务可以使人们更加便捷地了解各自在紧急情况下的状况，并且帮助用户寻找家人和朋友。正如扎克伯格所说："为社会和用户做贡献是Facebook一直以来所肩负的使命，我需要为Facebook寻找更多的方法，来帮助身处自然灾害中的人们。"

爱让我们洁净心灵，化解焦虑。爱让我们无惧岁月的流逝，淡定从容，在这纯粹的电脑给予中得到单纯的快乐。十年过去，扎克伯格从一文不值的毛头小子成长为举足轻重的亿万富豪。但成熟后的扎克伯格怀抱感恩之心，把大笔的钱投入到慈善事业中，在一次又一次的

行动中完成自己强烈的使命感和社会责任感。

感恩是一个人与生俱来的本性，是一个人不可磨灭的良知，也是现代社会成功人士健康性格的表现，一个连感恩都不知晓的人必定有一颗冷酷绝情的心。感恩也是尊重的基础，尊重是以自尊为起点的。尊重他人、社会、自然、知识，在自己与他人、社会相互尊重以及对自然的和谐共处中，生命才有追求的意义，自己的人格魅力才能展现、发展。

优美的姿态来源于与爱同行，美丽的眼睛是因为能看到比自己更困难的人，苗条的身材是因为记得与别人分享自己的食物，良好的心态让我们懂得珍惜每一天，更懂得品味生活。

感恩不仅仅是为了报恩，因为有些恩泽是我们无法回报的，有些恩情更不是等量回报就能一笔还清的，唯有用纯真的心灵去感动、去铭记，才能真正对得起给你恩惠的人。我们要有一颗感恩之心，达则兼济天下、回报社会，穷则回报身边关爱过自己的人和有困难的人。常怀感恩之心，把你的爱心传播出去吧！

扎克伯格的智慧

感恩是一个人与生俱来的本性，是一个人不可磨灭的良知，也是现代社会成功人士健康性格的表现。我们要怀有感恩之心，将爱心传递出去，回报社会。

适合的才是最好的

随着人的不断成长，社会层次的不断提高，财富的大量增加，人的心态也会不可避免地受到影响，而行为方式也会不自觉地发生变化。比如一个农民变成了亿万富翁以后，不可避免地要考虑到住豪宅、开豪车等与身份相符的事情。但这些并不一定是自己内心想要的样子，也不一定使人们有更自由、轻松、幸福、快乐的体验。只不过，大多数人还是选择了这样做。

微软公司的创始人比尔·盖茨把他的豪宅安置在了西雅图。比尔·盖茨的豪宅前临华盛顿湖，后靠连绵青山，占地约 6600 平方米，一共有 8 个卧室、25 个浴室、6 个厨房和一个面积 1000 英尺的餐厅。最特别的是，整栋房屋都是智能化的，号称是全球最有智慧的建筑物。

Twitter 的创始人埃文·威廉姆斯虽然已经离开了 Twitter 总裁的职务，但并不妨碍他向奢华看齐。他离开自己原先的复式房子搬到了在旧金山花了 240 万美元置办的新物业中，新房是现代维多利亚建筑风格，占地 3000 平方英尺，拥有 5 个卧室以及 5 个浴室，客房装修得非常豪华。

近半个世纪以来，席卷全球的 IT 风暴也造就了为数不少的顶级 IT 富豪，这些富豪们的豪宅也像他们的主人一样，光辉闪闪、引人注目。比尔·盖茨和埃文·威廉姆斯的出现只是众多富豪的普遍现象。在这样的社会情势下，想要追随内心的想法，保持一种让自己最舒适的简单生活，显得很不现实。因为，很少有人能扛得住各方面压力的牵引。但有一个人做到了，他就是扎克伯格。

Facebook 创建 8 年以来，扎克伯格也从曾经那个一文不值的毛头小子成长为现在举足轻重的亿万富豪。不过，他还是保持着这种他自己称为"极简主义"的生活作风。

2004 年，随着 Facebook 公司的创立，扎克伯格从哈佛大学辍学，也搬出了男生宿舍，开始在外面租房子。2005 年，为了谋求 Facebook 更加长远的发展，扎克伯格毅然将 Facebook 搬进了硅谷。而他随后居住的那套距离 Facebook 总部走路不超过 10 分钟的小公寓，也是在广告分类网站 Craig—list 上找到的。

这套小公寓在硅谷一条商业街的街角，已经有了些年头，外面刷着黄色的漆，看上去没有任何值得人注意的地方。扎克伯格的房子则在这栋楼房的三楼，屋子里的装修非常普通，甚至可以说是简朴，租金是每个月 3000 美元。整套屋子大约 80 平方米左右，陈设也很简单。在扎克伯格最常呆的书房里，只有一张桌子、三张椅子和两个老式的木书架。厨房也很狭小，除了一般烹饪要用的锅碗瓢盆外，只在角落里摆着一张小小的餐桌和两把椅子。卧室就更简单了，除了一个床垫和一个橡木衣柜以外，就再没有其他的东西了。

曾经因为 Facebook 的创意而起诉扎克伯格的泰勒·温克莱斯沃曾经非常犀利地评价他这位哈佛校友："他是我这辈子见过的最穷的富人。"但是扎克伯格却对这间小公寓的居住环境特别满意。"住在这里很方便，走下楼就有咖啡馆和便利店，哪怕是深夜才完成工作也不愁没有吃东西的地方。"

扎克伯格这样做是因为没钱吗？显然并不是。在 2010 年的亿万富豪榜中，扎克伯格的净资产达到 40 亿美元，他还在同年登上福布斯的全球权势人物榜。在分别由高盛以及 DST 于 2010 年 1 月进行的几轮投资后，扎克伯格的净资产在 2011 年初增至 135 亿美元，Facebook 的估值也达到 500 亿美元。在最近一期福布斯美国 400 富豪榜及 2012 年全球亿万富豪榜中，扎克伯格的财富增长曲线已突破 175 亿美元大关。

极少有像扎克伯格这样的年轻富豪不追求物质上的享受，而选择过一种普通生活。就像不少照片和资料显示的那样，成名后的扎克伯格并没有追求物质上的奢华，他现在的生活和花销和他八年前在哈佛当学生成立 Facebook 时并没有太大区别。

扎克伯格对财富的不在乎，源于他的追求不在财富，他的幸福在于经营事业，经营人生梦想。拥有正确的金钱观、幸福观等，才能有扎克伯格对财富的超脱态度，才能不陷入金钱的泥淖。成熟后的扎克伯格开始有更强烈的使命感和社会责任感，他热衷于把大笔的钱投入到慈善事业中。

2010年，普莉希拉正式搬来与扎克伯格同居。对于女友的入住，扎克伯格只是在 Facebook 上简单地写道："普莉希拉·陈这星期搬了过来。现在，我们的每件东西都变成了两套，屋子里快要放不下了。如果你需要任何多余的家用电器、椅子、桌子、锅碗瓢盆，那么请在我们处理掉它们之前赶快来取走它们。不过，最令人高兴的是，普莉希拉再也不用半夜过来给我做意大利面了。"

普莉希拉入住后，两人的生活也没有发生任何变化，只是在每天上下班时多了一个伴儿。对于男友在生活上如此节俭的态度，普莉希拉一直是表示大力支持的。没有人比她更了解扎克伯格内心真正的需要。"马克他喜欢简单的家居生活，对我来说，这样小面积的公寓也再好不过。这样一来，收拾起屋子来我不是少了很多活儿吗？"普莉希拉眨眨她亮亮的眼睛，不无幽默地说。

几年同居生活过去了，扎克伯格的小公寓里还是像最开始的那样简单，只是卧室里的床垫换成了一个更加舒适的木床，床上多了好几个普莉希拉喜欢的毛绒娃娃。厨房里的那个老式碗柜里多了几个女孩子喜欢的漂亮碗碟。除此之外，小小的书房里又多了一个木书柜，里面除了扎克伯格在计算机方面的书籍外，还有很多普莉希拉的医学书。

到了2010年5月，扎克伯格终于决定搬离这套距 Facebook 总部

只有几条街的小公寓，结束他长达近七年的租房生活。他花了 700 万美元在一处绿荫环绕的富人区内买下了一栋小别墅，屋里屋外装潢都非常别致气派。这栋新房子离 Facebook 位于门罗帕克的新总部仅有十分钟左右的车程，以便于扎克伯格开车上下班。但他表示，在未来的几个月里仍不会入住。

对金钱的极度客观和理性，使扎克伯格能够稳定地待在自己所经营的环境里。股价的上蹿下跳影响不了他，看客的争论也打扰不到他。

正如李开复在微博上猜测的那样：如果现在有人问扎克伯格对于股价波动的看法，他也许会重复在敲开市钟时对员工的一段演讲："我知道这看起来是件大事，但我们的使命不是成为一家上市公司，我们的使命是让世界更开放，更紧密连接起来。你们打造了世界历史上最大的社区，我等不及要看你们未来会做得怎样。"然后他会说，"敲完钟都给我回去干活去。"

我们追求财富、地位等这一切的最终目标只是为了使自己感到更舒适，内心更安宁、更幸福，但是很多人到了最后，反而用这一切将自己囚禁了起来。结果，我们最终得到的却远远地背离了我们的初衷。这是多么可悲的一件事情！

生活环境对于我们每个人都非常重要，我们大部分的活动都要在这里进行。尤其是我们的居所，更是一个心灵休憩、放松，思维修养和爆发的关键场所。只有选择最适合自己的居所，才能满足我们身心休息和蓄力的需要，才能更好地走向未来。

扎克伯格的智慧

好与不好，冷暖自知。无论外界和自己经历了什么样的变化，都不足以让我们改变那一套让自己放松的生活环境。